普通高等职业教育"十四五"精品教材
供高职助产、护理及医学相关专业使用

生 物 化 学

主编　王　华　蒋　振　张腊梅

科学技术文献出版社
SCIENTIFIC AND TECHNICAL DOCUMENTATION PRESS

·北京·

图书在版编目（CIP）数据

生物化学 / 王华，蒋振，张腊梅主编. —北京：科学技术文献出版社，2023.9
ISBN 978-7-5235-0430-7

Ⅰ.①生…　Ⅱ.①王…　②蒋…　③张…　Ⅲ.①生物化学　Ⅳ.① Q5

中国国家版本馆 CIP 数据核字（2023）第 123813 号

生物化学

策划编辑：薛士滨　　责任编辑：郭　蓉　周可欣　　责任校对：张永霞　　责任出版：张志平

出　版　者	科学技术文献出版社
地　　　址	北京市复兴路15号　邮编 100038
编　务　部	(010) 58882938，58882087（传真）
发　行　部	(010) 58882868，58882870（传真）
邮　购　部	(010) 58882873
官 方 网 址	www.stdp.com.cn
发　行　者	科学技术文献出版社发行　全国各地新华书店经销
印　刷　者	北京虎彩文化传播有限公司
版　　　次	2023 年 9 月第 1 版　2023 年 9 月第 1 次印刷
开　　　本	787×1092　1/16
字　　　数	268千
印　　　张	12
书　　　号	ISBN 978-7-5235-0430-7
定　　　价	52.00元

编 委 会

主　编　王　华　蒋　振　张腊梅

副主编　张海燕　刘玉坤　刘淑梅　杨甲芳

　　　　曹月欣　马　彦　李欣倩　饶泽昌

编　委　（按姓氏笔画排序）

马　彦　顺德职业技术学院

王　华　莱芜职业技术学院

左妍妍　唐山职业技术学院

卢英芹　唐山职业技术学院

刘玉坤　莱芜职业技术学院

刘淑梅　莱芜职业技术学院

李　敏　莱芜职业技术学院

李欣倩　重庆应用技术职业学院

杨甲芳　肇庆医学高等专科学校

张书垚　济南市第二妇幼保健院

张金花　莱芜职业技术学院

张晓旭　济南市人民医院

张海燕　莱芜职业技术学院

张腊梅　达州中医药职业学院

房　锐　莱芜职业技术学院

孟凌春　莱芜职业技术学院

饶泽昌　南昌大学抚州医学院

曹月欣　山东医学高等专科学校

蒋　振　川北医学院

前　言

生物化学是生命科学重要的基础学科之一，是医学类、生物专业的专业课程。

本教材编写遵循"与职业岗位对接为前提、以能力培养为本位、以发展岗位技能为核心"的教学理念，以培养学生独立获取知识和信息能力为原则，经过多次专业调研，根据专业教学实际情况，重点设置了生物分子、物质代谢、生化专题、生化技能操作 4 个教学模块，分为走近生物化学、蛋白质、酶、维生素、核酸、生物氧化、糖代谢、脂类代谢、蛋白质代谢、肝脏生化、体液生化 11 个专题内容，加入思维导图、案例导学、知识拓展等知识板块，阐述了生物分子的结构与功能、物质代谢与调节、遗传信息传递与表达等内容。全书突出了理论与实践相结合、教学与岗位能力培养相结合、专业课程与课程思政相结合的特点，使学生能从中掌握必要的生物化学方面的理论知识，培养学生在生活中应用生物化学知识分析问题、解决问题能力，提高生物化学知识和技能储备，培养职业素养与人文素养。

《生物化学》供全国高职护理、助产、检验、药学等医学类专业、生物专业及其他相关专业学生使用。

感谢济南市人民医院和济南市第二妇幼保健院的支持与配合，对医学专业调研及岗位分析提供了大量的帮助。

编　者

目　　录

走近生物化学

思维导图

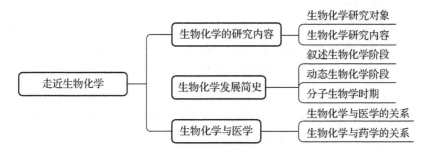

学习目标

1. 熟悉生物化学的定义。
2. 了解生物化学的研究对象和内容；生物化学发展简史；生物化学与医学的关系；生物化学与药学的关系。

案例导学

　　2015 年 10 月 8 日，中国科学家屠呦呦获 2015 年诺贝尔生理学或医学奖，成为第一个获得自然科学领域诺贝尔奖的中国人。多年从事中药和中西药结合研究的屠呦呦，创造性地研制出抗疟新药——青蒿素和双氢青蒿素，获得对疟原虫 100% 的抑制率，为中医药走向世界指明了一条方向。

　　问题思考：

　　这项创造性的研究与生物化学有着什么联系呢？

　　生物化学（biochemistry）是研究生命化学的科学，是一门在分子水平上探讨生命现象本质的科学，主要研究生物分子结构与功能、物质代谢与调节及其在生命活动的作用。

任务一　生物化学的研究内容

一、生物化学研究对象

生物化学研究的对象是生物有机体，研究范围涉及整个生物界，包括病毒、微生物、动物、植物和人体。根据研究对象的不同，生物化学可分为微生物生化、植物生化、动物生化和人体生化等。各种生物化学的内容既有密切的联系又有区别，都与人类的生产、生活等相关。

二、生物化学研究内容

生物化学是20世纪初形成的一门新型交叉学科，直至1903年才引用生物化学这一名称，成为一门独立学科。随着科学技术的进步，生物化学已有长足的发展，生物化学内容已渗透到生物学科的各个领域，成为各学科必备的基础知识。

生物化学研究内容主要有以下几个方面。

1. 构成生物体的物质基础，包括组成生物体的物质的化学组成、结构、性质、功能及体内分布，称为有机生物化学（或静态生物化学）。

2. 生命物质在生物体中的化学变化及运动规律，各种生命物质在变化中的相互关系即新陈代谢及代谢过程中能量的转换，称为代谢生物化学（或动态生物化学）。

3. 生物信息的传递及其物质代谢的调控，包括生物体内各种物质代谢的调节控制及遗传基因信息的传递和调控，称为信息生物化学。

4. 生命物质的结构、功能、代谢与生命现象的关系，称为功能生物化学（或机能生物化学）。

任务二　生物化学发展简史

生物化学是一门年轻的学科，其起始研究可追溯到18世纪，在20世纪初期作为一门独立的学科蓬勃发展起来，仅有一百多年历史。近50年生物化学的发展突飞猛进，出现了许多重大的进展和突破，成为生命科学领域重要的前沿学科之一。

一、叙述生物化学阶段（18世纪中期—19世纪前期）

生物化学发展的萌芽阶段，其主要的工作是分析和研究生物体的组成成分及生物体的分泌物和排泄物。

重要的贡献有：对脂类、糖类及氨基酸的性质进行了较为系统的研究；发现核酸；从血液中分离血红蛋白；证实了连接相邻氨基酸的肽键的形成；化学合成简单的多肽；发现酵母发酵产生乙醇并产生二氧化碳。酵母发酵过程中"可溶性催化剂"的发现，奠定了酶学的基础等。

二、动态生物化学阶段（19世纪—20世纪初期）

从20世纪初期开始，生物化学进入了蓬勃发展的阶段。

20世纪50年代，生物化学又在许多方面取得了进展。

在营养方面，研究了人体对蛋白质的需要及需要量，并发现了必需氨基酸、必需脂肪酸、多种维生素及一些不可或缺的微量元素等。

在内分泌方面，发现了各种激素，许多维生素及激素被提纯、合成。

在酶学方面，Sumner 于 1926 年分离出脲酶，并成功地将其做成结晶。接着，胃蛋白酶及胰蛋白酶也相继做成结晶。这样，酶的蛋白质性质就得到了肯定，对其性质及功能才能有详尽的了解，使体内新陈代谢的研究易于推进。

在物质代谢方面，由于化学分析及同位素示踪技术的发展与应用，对生物体内主要物质的代谢途径已基本确定，包括糖代谢途径的反应过程、脂肪酸 β - 氧化、尿素合成途径及三羧酸循环等。

在生物能研究方面提出了生物能产生过程中的 ATP 循环学说。

三、分子生物学时期（20 世纪中期至今）

该阶段是从 20 世纪 50 年代开始，以提出 DNA 的双螺旋结构模型为标志，主要研究工作就是探讨各种生物大分子的结构与其功能之间的关系。

（一）主要进展

1. DNA 双螺旋结构的发现　1953 年是开创生命科学新时代的一年。Watson 和 Crick 发表了"脱氧核糖核酸的结构"的著名论文，他们在 Wilkins 完成的 DNA X - 射线衍射结果的基础上，推导出 DNA 分子的双螺旋结构模型。核酸的结构与功能的研究为阐明基因的本质、了解生物体遗传信息的流动做出了贡献。三人共获 1962 年诺贝尔生理学或医学奖。Crick 于 1958 年提出分子遗传的中心法则，从而揭示了核酸和蛋白质之间的信息传递关系。又于 1961 年证明了遗传密码的通用性。1966 年 Khorana 和 Nirenberg 合作破译了遗传密码，这是生物学方面的另一杰出成就，他们获得 1968 年诺贝尔生理学或医学奖。至此遗传信息在生物体由 DNA 到蛋白质的传递过程已经弄清。

2. DNA 克隆技术的建立　20 世纪 70 年代，重组 DNA 技术的建立不仅促进了对基因表达调控机制的研究，而且使人们改造生物体成为可能。自此以后，多种基因产品的成功获得大大推动了医药工业和农业的发展。转基因动物和基因敲除动物模型的成功就是重组 DNA 技术发展的结果。基因诊断和基因治疗也是重组 DNA 技术在医学领域应用的重要方面。核酶（ribozyme）的发现是对生物催化剂认识的重要补充。聚合酶链反应（polymerase chain reaction，PCR）技术的发明，使人们可以快速准确地在体外高效率扩增 DNA，这些都是分子生物学发展的重大成果。

3. 人类基因组计划　人类基因组计划（human genome project，HGP）是人类生命科学中的一大创举，与曼哈顿原子弹计划和阿波罗计划并称为三大科学计划。

美国科学家 Dulbecco 于 1986 年率先提出，并于 1990 年正式启动的。由美国、英国、法国、德国、日本和我国科学家共同参与的，预计 15 年内提供 30 亿美元的资助完成人类基因组全序列测定的计划。这一计划旨在阐明人类基因组 30 多亿个碱基对的排列顺序，发现所有人类基因并搞清其在染色体上的位置，绘制人类基因组图谱，辨识其载有的基因及其序列，达到破译人类遗传信息的最终目的，为人类的健康和疾病的研究带来根本性的变革。

人类基因组计划完成后生命科学进入了人类后基因组时代，即大规模开展基因组生物学功能研究和应用研究的时代。在这个时代，生命科学的主要研究对象是功能基因组学，包括结构基因组研究、蛋白质组学、代谢组学和糖组学研究等。

（二）我国科学家对生物化学发展的贡献

公元前 21 世纪，我国人民能用曲（酶）造酒，公元前 12 世纪，人们能利用豆、谷、麦等为原料制成酱和醋。公元 7 世纪有孙思邈用猪肝（富含维生素 A）治疗雀目（夜盲）的记载。近代我国生物化学家吴宪创立了血滤液的制备和血糖测定法。提出了蛋白质变性学说。我国的科学工作者王应睐和邹承鲁等于 1965 年人工合成具有生物活性的蛋白质——结晶牛胰岛素。1981 年，采用有机合成和酶促相结合的方法完成酵母丙氨酸转移核糖核酸的人工全合成。1979 年，洪国藩创造了测定 DNA 序列的直读法。近年来我国在基因工程、蛋白质工程、新基因的克隆与功能、疾病相关基因的克隆及其功能等研究方面均取得重要成果，特别是人类基因组草图的完成也有我国科学家的一份贡献。

任务三　生物化学与医学

一、生物化学与医学的关系

生物化学作为医学学科的基础，与临床医学、基础医学、预防医学、药学及其各基础学科有广泛联系，是医学、药学等专业的一门重要专业基础学科。

临床医学及卫生保健，在分子水平上探讨病因，做出论断，寻求防治，增进健康，都需要运用生物化学的知识和技术。镰刀型细胞性贫血已被证明是血红蛋白 β - 链 N - 末端第六位上的谷氨酸为缬氨酸所取代的结果。关于许多疾病的防治方面，免疫化学无疑是医务工作者所熟知的一种重要的预防、治疗及诊断手段。肿瘤的治疗，不论是放射疗法，抑或是化学疗法，都是使肿瘤细胞中重要的生物分子，如 DNA、RNA、蛋白质等分子，改变或破坏其结构，或抑制其生物合成。放射疗法主要是对 DNA 起作用。而抗肿瘤药物，如抗代谢物、烷化剂、有丝分裂抑制剂及抗生素等，有的在 DNA 生物合成中起作用，有的在 RNA 生物合成中起作用，还有的在蛋白质生物合成中起作用，当然不能排除有的药物能抑制不止一种生物合成过程。只要这三种生物分子中任何一种的生物合成有阻碍，都会使肿瘤细胞遭到不同程度的打击，其最致命的是破坏 DNA 的生物合成。至于用生物化学的方法及指标作为诊断的手段，最为人们所熟知的就是肝炎诊断中的谷氨酸氨基转移酶了。总之，生物化学在临床医学及卫生保健上应用的例子是很多的。

二、生物化学与药学的关系

生物化学在药学方面具有重要的地位。近代药理学重点研究药物在体内的代谢转化和代谢动力学，以及药物作用的分子机制，其研究理论和技术手段都与生物化学密切相关。近年发展起来的分子药理学是在分子水平上探讨药物分子如何与生物大分子相互作用的机制，这些研究都需要生物化学的理论和技术。由于生物化学理论和技术大量应用于药理学研究，使药理学研究深入发展，并派生出生化药理学和分子药理学。

应用现代生化技术，从生物体提取分离的生理活性物质除可作为生物药物外，尚可从中寻找到结构新颖的先导物，设计合成新的化学实体。生化药物是一类用生物化学理论和技术制取的具有治疗作用的生物活性物质。近年来生化药物发展很快，目前常用的生化药物已有200余种，20世纪80年代，生物化学已进入生物工程的崭新领域，现代生物工程技术——发酵工程、酶工程、细胞工程和基因工程等的应用为生化药物生产开拓了广阔前景。

生物化学与药学其他学科也有广泛的联系。例如，生物药剂学研究药物制剂与药物在体内的吸收、分布、代谢转化和排泄过程的关系，从而阐明药物剂型因素、生物因素与疗效之间的关系。因此，生物化学的代谢与调控理论及其研究手段是生物药剂学的重要基础。药物化学是研究药物的化学性质、合成，以及化学结构与药效的关系。应用生物化学的理论可为新药的合理设计提供依据，以减少寻找新药过程的盲目性。中药学的研究取材于天然的生物体，其有效成分的分离纯化及作用机制的探讨也是应用生物化学的原理与技术。

生物化学在制药工业也起着重要的作用。利用生物工程技术生产的许多药物如人胰岛素、人生长激素释放抑制因子、干扰素、白介素、人生长素、促红细胞生成素、组织纤溶酶原激活剂、乙肝疫苗、细胞因子类药物和肿瘤坏死因子等已在临床广泛应用。

讲述中国生物科学家的故事

1. 1965年9月17日，我国的科学工作者王应睐和邹承鲁等人经过6年多的努力，获得了人工合成的牛胰岛素结晶。经鉴定，它的结构、生物活性、物理化学性质、结晶形状，都和天然的完全一样，是世界上第一个人工合成的蛋白质。

2. 1968年，启动了人工合成核酸工作，1978年初开始进行酵母丙氨酸转移核糖核酸人工合成研究，历经无数次试验，利用化学和酶促相结合的方法，于1981年11月在世界上首次人工合成了76个核苷酸的整分子酵母丙氨酸tRNA。在世界上首次成功地人工合成化学结构与天然分子完全相同，并具有生物活性的核酸大分子tRNA，标志着中国在该领域进入了世界先进行列。

3. 1979年，洪国藩创造了测定DNA序列的直读法。近年来我国在基因工程、蛋白质工程、新基因的克隆与功能、疾病相关基因的克隆及其功能等研究方面均取得重要成果，特别是人类基因组草图的完成也有我国科学家的一份贡献。

我们必须坚持自信自立，坚定文化自信，以更加积极的历史担当和创造精神做出新的贡献。

目标检测

1. 什么是生物化学？
2. 生物化学研究的主要内容有哪些？当代研究的热点有哪些？
3. 生物化学与医药学有何联系？

模块一 生物分子

本模块重点学习构成生物体的物质基础，包括组成生物体的物质的化学组成、结构、性质、功能及结构与功能之间的关系。

项目一 蛋白质

思维导图

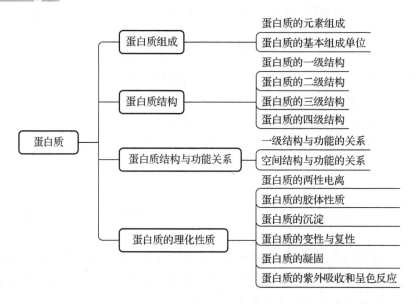

素质目标
1. 具备科学精神、工匠精神、尊重生命的职业素养。
2. 具备创新能力、问题求解能力、思维能力。

案例导学

1910年，一个黑人青年到医院看病，他的症状是发热和肌肉疼痛，经过检查发现，他患的是当时人们尚未认识的一种特殊的贫血症，他的红细胞不是正常的圆饼状，而是弯曲的镰刀状。后来，人们就把这种病称为镰刀型细胞贫血症。

问题思考：

1. HbS 与 HbA 的一级结构有什么区别？

2. HbS 结构的变化对其功能有什么影响？

3. 什么是分子病？

蛋白质是组成人体一切细胞、组织的重要成分，是生命的物质基础，是构成细胞的是有机生物大分子物质，是生命活动的主要承担者，没有蛋白质就没有生命。蛋白质占人体重量的16%～20%。人体内蛋白质的种类很多，性质、功能各异，但都是由20种氨基酸（amino acid）按不同比例组合而成的，并在体内不断进行代谢与更新。

任务一　蛋白质组成

一、蛋白质的元素组成

蛋白质是由 C（碳）、H（氢）、O（氧）、N（氮）组成，一般蛋白质可能还会含有 P（磷）、S（硫）、Fe（铁）、Zn（锌）、Cu（铜）、B（硼）、Mn（锰）、I（碘）、Mo（钼）等。蛋白质都含氮元素，且各种蛋白质的含氮量很接近，平均为16%；任何生物样品中每1 g 氮元素的存在，就表示大约有 $100/16 = 6.25$ g 蛋白质的存在，6.25 常称为蛋白质系数。也就是说样品中蛋白质含量＝每克样品含氮克数 ×6.25×100。

二、蛋白质的基本组成单位

蛋白质是一种生物大分子物质，它的基本组成单位是氨基酸。构成天然蛋白质的氨基酸共有20种，除甘氨酸、脯氨酸之外，其余的均为 L－α－氨基酸。

（一）结构通式

其共同特点是都含有一个氨基（—NH$_2$）和一个羧基（—COOH），只是与α-C连接的侧链基团的不同导致了氨基酸的种类不同。其结构通式如下（图1-1）。

L-α-氨基酸　　　　　　D-α-氨基酸

图 1-1　氨基酸的结构通式

（二）氨基酸种类

氨基酸的侧链 R 基团的结构不同，使各种氨基酸具有不同的性质。蛋白质的许多性质、结构和功能等在很大程度上与氨基酸的 R 基团密切相关。根据 20 种氨基酸 R 基团的极性和解离性质，可将它们分为 4 类：非极性中性氨基酸（表 1-1）、极性中性氨基酸（表 1-2）、酸性氨基酸（表 1-3）和碱性氨基酸（表 1-4）。

表 1-1　非极性中性氨基酸

结构式	中文名	英文名	三字符号	一字符号	等电点
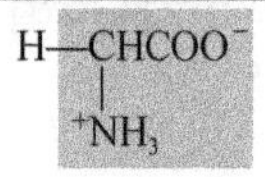	甘氨酸	glycine	Gly	G	5.97
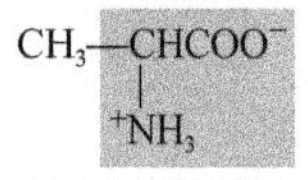	丙氨酸	alanine	Ala	A	6.00
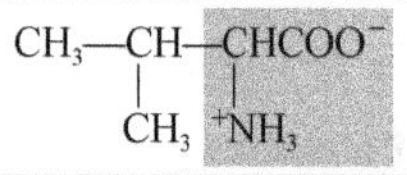	缬氨酸	valine	Val	V	5.96
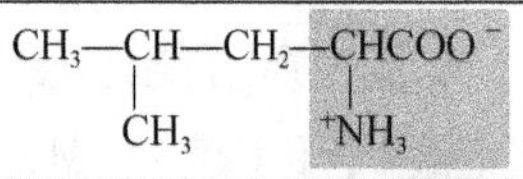	亮氨酸	leucine	Leu	L	5.98
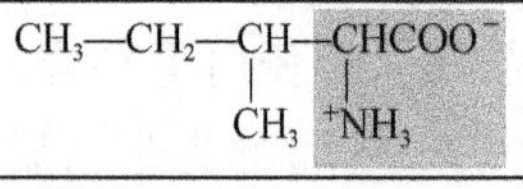	异亮氨酸	isoleucine	Ile	I	6.02
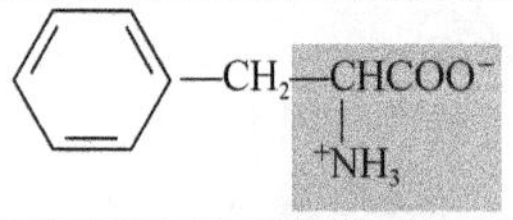	苯丙氨酸	phenylalanine	Phe	F	5.48
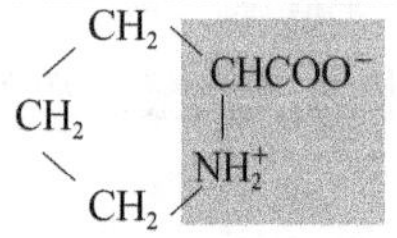	脯氨酸	proline	Pro	P	6.30

1. 非极性中性氨基酸　氨基酸的 R 基团不带电荷或极性极弱，它们的 R 基团具有疏水性，如甘氨酸、丙氨酸、缬氨酸、亮氨酸、异亮氨酸、苯丙氨酸、脯氨酸。

2. 极性中性氨基酸　R 基团有极性，但不解离，或仅极弱地解离，它们的 R 基团有亲水性，如色氨酸、丝氨酸、苏氨酸、半胱氨酸、甲硫氨酸、酪氨酸、谷氨酰胺、天冬酰胺。

表1-2　极性中性氨基酸

结构式	中文名	英文名	三字符号	一字符号	等电点
	色氨酸	tryptophan	Trp	W	5.89
HO—CH₂—CHCOO⁻ （+NH₃）	丝氨酸	serine	Ser	S	5.68
HO—〇—CH₂—CHCOO⁻ （+NH₃）	酪氨酸	tyrosine	Try	Y	5.66
HS—CH₂—CHCOO⁻ （+NH₃）	半胱氨酸	cysteine	Cys	C	5.07
CH₃SCH₂—CH₂—CHCOO⁻ （+NH₃）	蛋氨酸	methionine	Met	M	5.74
O=C—CH₂—CHCOO⁻ H₂N （+NH₃）	天冬酰胺	asparagine	Asn	N	5.41
O=CCH₂CH₂—CHCOO⁻ H₂N （+NH₃）	谷氨酰胺	glutamine	Gln	Q	5.65
CH₃ HO—CH—CHCOO⁻ （+NH₃）	苏氨酸	threonine	Thr	T	5.60

3. 酸性氨基酸

表1-3　酸性氨基酸

结构式	中文名	英文名	三字符号	一字符号	等电点
HOOCCH₂—CHCOO⁻ （NH₃）	天冬氨酸	aspartic acid	Asp	D	2.97
HOOCCH₂CH₂—CHCOO⁻ （+NH₃）	谷氨酸	glutamic acid	Glu	E	3.22

4. 碱性氨基酸

表 1-4 碱性氨基酸

结构式	中文名	英文名	三字符号	一字符号	等电点
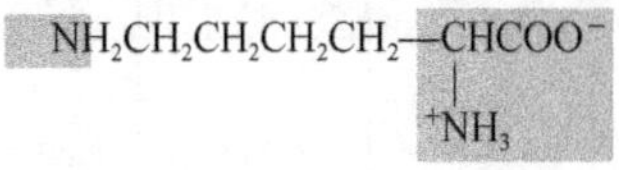 $NH_2CH_2CH_2CH_2CH_2$—CHCOO⁻ ＋NH₃	赖氨酸	lysine	Lys	K	9.74
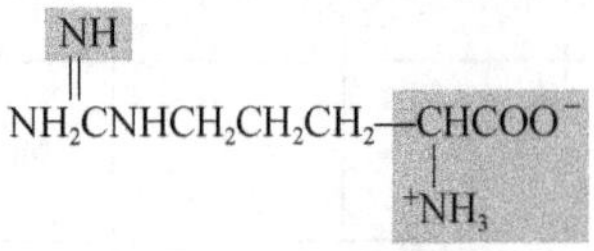 NH $NH_2CNHCH_2CH_2CH_2$—CHCOO⁻ ＋NH₃	精氨酸	arginine	Arg	R	10.76
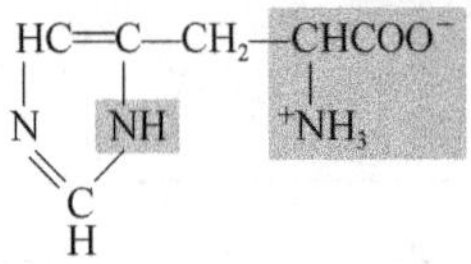 HC＝C—CH₂—CHCOO⁻ N NH ＋NH₃ C H	组氨酸	histidine	His	H	7.59

（三）基本单位连接

在蛋白质分子中，氨基酸之间是通过肽键相连的。肽键就是一个氨基酸的 α-羧基与另一个氨基酸的 α-氨基脱水缩合形成的键，如图 1-2 所示。

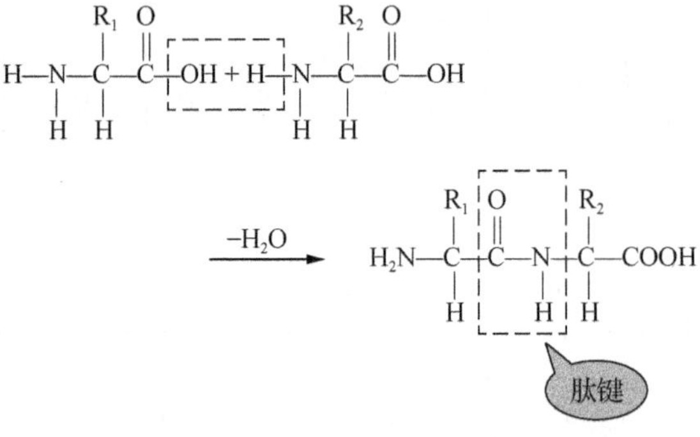

图 1-2 氨基酸肽键形成过程

组成多肽链的氨基酸在相互结合时，失去了一分子水，因此把多肽中的氨基酸单位称为氨基酸残基。

（四）连接产物

氨基酸之间通过肽键联结起来的化合物称为肽。2 个氨基酸形成的肽叫二肽，3 个氨基酸形成的肽叫三肽……一般将十肽以下称为寡肽，十肽以上者称多肽或称多肽链。蛋白质是由一条或数条多肽链构成的。

在多肽链中，肽链的一端保留着一个 α-氨基，另一端保留一个 α-羧基，带 α-氨基的末端称氨基末端（N 端）；带 α-羧基的末端称羧基末端（C 端）。书写多肽链时可用略号，N 端写于左侧，C 端于右侧。如图 1-3 所示牛核糖核酸酶的多肽链。

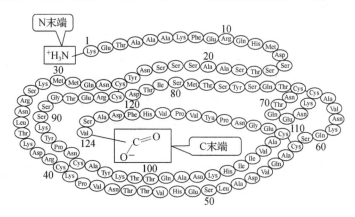

图 1-3　牛核糖核酸酶的多肽链

任务二　蛋白质结构

蛋白质是由许多氨基酸单位通过肽键连接起来的、具有特定分子结构的高分子化合物。蛋白质的结构分为四级结构，即蛋白质的一级结构、二级结构、三级结构、四级结构。一级结构为蛋白质的基本结构，二级、三级、四级结构统称为高级结构或空间构象，是蛋白质特有性质和功能的结构基础。但并非所有的蛋白质都有四级结构，由一条多肽链构成的蛋白质只有一级、二级、三级结构，由两条以上多肽链构成的蛋白质才可能有四级结构。

一、蛋白质的一级结构

蛋白质的一级结构（primary structure）是指蛋白质分子中氨基酸的种类、数量及排列顺序。一级结构是区别不同蛋白质最基本、最重要的标志。第一个明确一级结构的蛋白质是牛胰岛素。它由 A、B 两条多肽链组成，其中 A 链含 21 个氨基酸残基，B 链含 30 个氨基酸残基。胰岛素分子中含有 3 个二硫键，即 A 链第 6 位和第 11 位的半胱氨酸残基之间形成 1 个链内二硫键。A 链第 7 位和第 20 位半胱氨酸分别与 B 链第 7 位和第 19 位半胱氨酸形成 2 个链间二硫键，如图 1-4 所示。

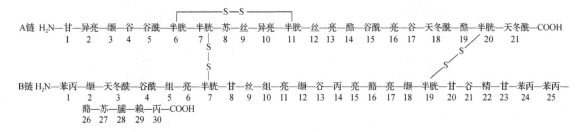

图 1-4　牛胰岛素的一级结构

二、蛋白质的二级结构

蛋白质的二级结构（secondary strlacture）是指一条多肽链中主链原子的空间排布。

肽键是一分子氨基酸的 α–羧基和一分子氨基酸的 α–氨基脱水缩合形成的酰胺键，即 —CO—NH—，它虽是单键，但具有部分双键的性质，难以自由旋转而有一定的刚性，构成肽键的四个原子（C，O，N，H）与和肽键相连的 2 个 C 原子构成的平面称为肽键平面（或酰胺平面、肽单元）（图 1-5），是形成各种二级结构的基础。

蛋白质二级结构的形成是以肽单元（肽键平面）为基础的，肽单元可随 α–碳原子两侧单键的旋转进行折叠、盘曲，进而形成四种不同的结构形式：α–螺旋、β–折叠、β–转角和无规卷曲。维系蛋白质二级结构的主要化学键是氢键。

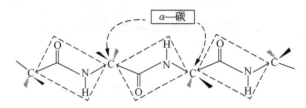

图 1-5　肽键平面

（一）α–螺旋

α–螺旋是多肽链的主链原子沿一中心轴盘绕所形成的有规律的螺旋构象（图 1-6）。其结构特征如下。

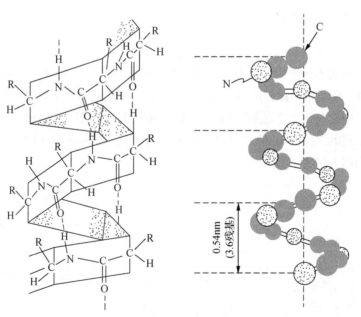

图 1-6　α–螺旋结构

1. 多肽链的主链围绕中心轴呈有规律的螺旋式上升，螺旋的走向为顺时针方向，即右手螺旋。

2. 螺旋以氢键保持稳固。

3. 每3.6个氨基酸残基螺旋上升一圈，螺距为0.54 nm。

4. 各氨基酸残基的 R 基团均伸向螺旋外侧。

（二）β－折叠（图1-7）

其结构特征如下。

1. 多肽链伸展，各肽键之间折叠成锯齿状，R 基团位于锯齿状结构上下方。

2. 肽链（段）之间平行排列，肽链羰基上的 O 与亚氨基上的 H 形成氢键，氢键的方向与长轴垂直。

3. 肽链之间可以顺平行折叠，也可以是反平行折叠，反平行折叠较顺平行折叠更为稳定。

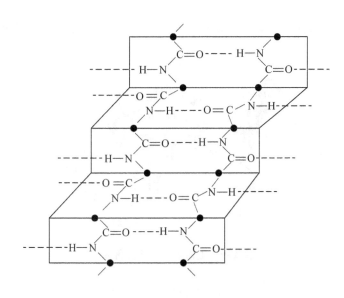

图1-7　β－折叠结构

（三）β－转角

蛋白质分子中，肽链经常会出现180°的回折，在这种回折角处的构象就是 β－转角。β－转角中，第一个氨基酸残基的—CO 基与第四残基的—NH 基之间形成氢键，从而使结构稳定（图1-8）。

1. 主链骨架本身以大约180°回折。

2. 回折部分通常由4个氨基酸残基构成。

3. 依靠第一残基的—CO 基与第四残基的—NH 基之间形成氢键来维系。

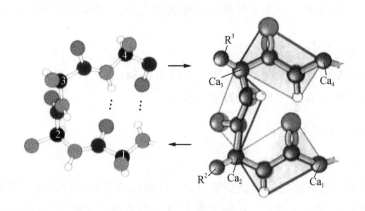

图 1-8 β-转角结构

（四）无规卷曲

指多肽链中除了以上几种比较规则的构象外，其余没有确定规律性的肽链构象（图 1-9）。

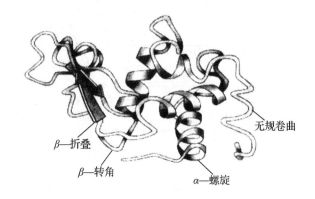

图 1-9 蛋白质二级结构图解

三、蛋白质的三级结构

蛋白质分子中每一条多肽链所有原子（主链原子加侧链原子）的空间排布称为蛋白质的三级结构（tertiary structure）。

蛋白质三级结构的形成和稳定主要靠氢键、疏水键、盐键、范德华力、二硫键来维持。这些价键可存在于与一级结构序号相隔甚远的氨基酸残基的 R 基团之间，因此蛋白质的三级结构主要指氨基酸残基的侧链间的结合。

蛋白质的三级结构是由一级结构决定的，每种蛋白质都有各自特定的氨基酸排列顺序，从而构成其固有的独特的三级结构。每种有功能的蛋白质至少都有其各自特性的三级结构。

由一条多肽链构成的蛋白质，必须具有三级结构才有生物学活性。三级结构一旦被破坏，生物学活性便随之丧失。

四、蛋白质的四级结构

具有两条或两条以上独立三级结构的多肽链组成的蛋白质，其多肽链间通过非共价键相互组合而形成的空间结构称为蛋白质的四级结构（quarternary structure）。其中，每条具有独立三级结构的多肽链称为一个亚基（subunit）。蛋白质四级结构实际上是指亚基间的空间排布。维系结构稳定的化学键是氢键、盐键、范德华力、疏水键等非共价键。

四级结构的形成条件如下：

1. 有两条以上的多肽链。

2. 每条多肽链都具有独立的三级结构，也就是每条多肽链都是一个亚基。

3. 亚基间通过非共价键相连。

胰岛素虽然含有两条多肽链，但两条多肽链之间以 2 个二硫键相连，所以胰岛素不具有四级结构。

对多亚基蛋白质来说，亚基单独存在没有生物学活性，只有形成完整的四级结构才有生物学活性。亚基可以相同，也可不同。

任务三　蛋白质结构与功能关系

蛋白质的种类、数量繁多，分子结构各不相同，功能多种多样，每种蛋白质都执行各自特异的生物学功能，而这些功能又都与其特异的一级结构和空间结构密切相关。

一、蛋白质的一级结构与功能的关系

1. 一级结构是空间结构的基础　在生物体内，蛋白质的多肽链一旦被合成后，即可根据各自一级结构的特点自然折叠和盘曲，从而形成一定的空间构象。

以牛胰核糖核酸酶为例进行说明：牛胰核糖核酸酶是由 124 个氨基酸残基组成的一条多肽链，有 4 对二硫键，加入尿素或盐酸胍，破坏氢键后或加入 β - 巯基乙醇，破坏二硫键后，二、三级结构遭到破坏，酶活性丧失，但肽键不受影响，所以一级结构不变。当采用透析方法除去尿素和 β - 巯基乙醇后，松散的多肽链遵循其特定的氨基酸顺序，卷曲折叠成天然的空间构象，酶活性又逐渐恢复至原来水平。牛胰核糖核酸酶的变性、复性及其酶活性的变化证明，蛋白质的一级结构决定空间结构，即一级结构是高级结构形成的基础。同时也说明，只有具有高级结构的蛋白质才能表现生物学功能。

2. 一级结构是功能的基础　已有大量的实验结果证明，一级结构相似的多肽或蛋白质，其空间构象及功能也相似。例如，从不同种属的生物体分离出来的同一功能的蛋白质，其一级结构只有极少的差别，而且在系统发生上进化位置相距越近的差异越小。

各种动物的胰岛素分子都由 A、B 两条多肽链组成，两链长短几乎相同，二硫键在两链间的分布也相同。A 链 N - 端和 C - 端及半数以上的氨基酸序列相同。B 链 N - 端和 C - 端虽有变异，但 C - 端附近的一系列氨基酸是疏水的，且全链顺序也有一半是不变的。各种来源的胰岛素氨基酸序列的高度同源性或类似性决定了它们都有调节血糖的功能。鉴于此，人

们利用猪和牛胰岛素治疗人类糖尿病取得了满意的疗效。

3. 蛋白质的一级结构与分子病　在蛋白质的一级结构中，参与构成功能活性部位的氨基酸残基或处于特定构象关键部位的氨基酸残基，即使在整个分子中发生一个氨基酸残基的异常，也可能引起蛋白质的空间结构与功能的严重变化，给机体带来严重的危害。

如镰刀型细胞贫血症，仅仅是 574 个氨基酸残基中一个氨基酸残基异常，即 β 亚基 N–端的第 6 位氨基酸残基由谷氨酸变为缬氨酸，由于这种变异来源于基因上遗传信息的突变，故称为"分子病"。

视频 1　镰刀型细胞贫血症机理分析

二、蛋白质空间结构与功能的关系

蛋白质多种多样的功能与各种蛋白质特定的空间构象密切相关。蛋白质的空间构象是其功能活性的基础，构象发生变化，其功能活性也随之改变。蛋白质变性时，由于其空间构象被破坏，故引起功能活性丧失。变性蛋白质在复性后，构象复原，活性即能恢复。前面介绍的牛胰核糖核酸酶的变性、复性及其酶活性的变化说明，蛋白质的一级结构决定空间结构，而只有具有高级结构的蛋白质才能表现生物学功能，故蛋白质的高级结构是表现功能的形式。

1. 蛋白质空间结构与功能的关系　血红蛋白（hemoglobin，Hb）和肌红蛋白（Mb）的结构与功能的关系是说明蛋白质空间结构与功能关系的经典例子。

血红蛋白是红细胞中所含有的一种结合蛋白质，它的蛋白质部分称为珠蛋白，非蛋白质部分（辅基）称为血红素。Hb 分子由 2 个 α 亚基（各含 141 个氨基酸残基）和 2 个 β 亚基（各含 146 个氨基酸残基）构成，即 $\alpha_2\beta_2$ 每一个亚基结合一分子血红素，血红素上的 Fe^{2+} 能够与 O_2 进行可逆结合。当 O_2 与 Hb 一个亚基结合后引起 Hb 空间构象变化，从而引起蛋白质对氧的亲和力增加，功能发生了改变。

2. 蛋白质构象改变与疾病　生物体内蛋白质的合成、加工和成熟是一个相当复杂的过程，其中多肽链的正确折叠对其正确构象的形成和功能的发挥至关重要。若蛋白质的折叠发生错误，尽管其一级结构不变，但蛋白质的空间构象发生改变，仍可影响其功能，严重时可导致疾病发生，有人将此类疾病称为蛋白构象病。目前发现的蛋白构象病有 20 多种，如人纹状体脊髓变性病、阿尔茨海默病、老年痴呆症、帕金森病、疯牛病等。

疯牛病是由朊蛋白引起的一组人和动物神经退行性病变，这类疾病具有传染性、遗传性和散在发病的特点，致病原因是朊蛋白二级结构为多个 α–螺旋，部分 α–螺旋转变成 β–折叠，使蛋白质形成淀粉样纤维沉淀。由此可见，蛋白质的空间构象对于蛋白质功能的正确发挥是极其重要的。

知识拓展

疯牛病

疯牛病是能引起可传递性中枢神经系统变性疾病的一种最常见的类型，最早发现于

1985 年。1996 年春天，疯牛病在英国以至于全世界引起了一场空前的恐慌，甚至引发了政治与经济的动荡，一时间人们"谈牛色变"。

2012 年，香港卫生防护中心曾接获澳门卫生当局通报一宗俗称"人类疯牛症"的偶发性克雅二氏症案例。该案例中为一名 51 岁女子，在香港仁安医院接受脑科手术，其后出现渐进性痴呆、四肢抽搐、步履不稳、四肢抽动、视物模糊等症状，临床诊断为偶发性克雅二氏症，是人类感染疯牛病的一种典型病症。

疯牛病的护理预防措施：临床护理工作中，预防疯牛病的重点是严格消毒。医护人员接触患者时，要避免皮肤黏膜损伤或戴手套，以免造成"自家接种"招致传染的危险性。

任务四 蛋白质的理化性质

一、蛋白质的两性电离

蛋白质由氨基酸组成，分子表面带有很多可解离基团，如羧基、氨基、酚羟基、咪唑基、胍基等。此外，在多肽链两端还有游离的氨基和羧基，可以与酸或碱相互作用，是一种两性电解质。当蛋白质溶液处于某一 pH 值时，蛋白质解离成正、负离子的趋势相同，所带净电荷为零，呈电中性，此时溶液的 pH 值称为该蛋白质的等电点（用 pI 表示）（图 1-10）。

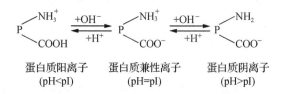

图 1-10 蛋白质的两性电离及等电点

二、蛋白质的胶体性质

蛋白质的相对分子质量较大，多在一万以上，甚至高达数百万乃至数千万，故其分子的大小已达到胶体颗粒 1～100 nm 范围。球状蛋白质的分子表面多为亲水基团，具有强烈地吸引水分子作用，使蛋白质分子表面常为多层水分子所包围，形成水化膜，从而阻止蛋白质颗粒的相互聚集。蛋白质分子之间相同电荷的排斥作用和水化膜的相互隔离作用是维持蛋白质胶体在水中稳定性的两大因素。

三、蛋白质的沉淀

蛋白质从溶液中析出的现象称为蛋白质沉淀（precipitation）。蛋白质在水溶液中稳定的两大因素是水化膜和电荷。如去除蛋白质的水化膜并中其表面电荷，蛋白质便会发生沉淀。引起蛋白质沉淀的主要方法有以下几种。

（一）盐析

在蛋白质溶液中加入大量的中性盐以破坏蛋白质的胶体稳定性而使其析出，这种方法称为盐析。常用的中性盐有硫酸铵、氯化钠等。各种蛋白质盐析时所需的盐浓度及 pH 不同，故可用于对混合蛋白质组分的分离。例如，在人血清中加入半饱和的硫酸铵，球蛋白沉淀析出。继续加硫酸铵至饱和，可使清蛋白沉淀析出（分段盐析）。盐析沉淀的蛋白质不发生变性，经透析除盐后，仍保持蛋白质的活性。

（二）重金属盐沉淀蛋白质

蛋白质可以与重金属离子如汞、铅、铜、银等结合成盐沉淀。沉淀的条件以介质 pH 稍大于蛋白质等电点 pI 为宜，因为此时蛋白质分子有较多的负离子易与重金属离子结合成盐。临床上利用蛋白质能与重金属盐结合的这种性质，抢救误服重金属盐中毒的患者，给患者口服大量蛋白质，然后用催吐剂将结合的重金属盐呕出以解毒。

（三）生物碱试剂及某些酸类沉淀蛋白质

蛋白质可与生物碱试剂（如苦味酸、钨酸、鞣酸）及某些酸（如三氯醋酸、过氯酸）结合成不溶性的盐沉淀。沉淀的条件是介质 pH 小于蛋白质 pI，这时蛋白质带正电荷易与酸根负离子结合成盐。临床血液化学分析时常利用此原理除去血液中的蛋白质，此类沉淀反应也可用于检验尿中蛋白质。

（四）有机溶剂沉淀蛋白质

可与水混合的有机溶剂，如乙醇、甲醇、丙酮等，对水的亲和力很大，能破坏蛋白质颗粒表面的水化膜，在等电点时使蛋白质沉淀。在常温下，有机溶剂沉淀蛋白质往往引起变性，如用酒精消毒灭菌。但若在低温、低浓度、短时间条件下，则变性进行缓慢或不变性，这可用于提取生物材料中的蛋白质。

四、蛋白质的变性与复性

在某些物理或化学因素作用下，蛋白质分子特定的空间结构被破坏，从而导致理化性质改变和生物学活性丧失，这种现象称为蛋白质的变性（denaturation）作用。变性蛋白质只有空间构象被破坏，一般认为蛋白质变性本质是次级键的破坏，并不涉及一级结构的变化。

引起蛋白质变性的原因可分为物理和化学因素两大类。物理因素可以是加热、加压、脱水、搅拌、振荡、紫外线照射、超声波等的作用。化学因素有强酸、强碱、尿素、重金属盐、有机溶剂等。这些因素都可使蛋白质变性，蛋白质变性后的明显改变是溶解度降低，同时蛋白质的黏度增加，结晶性破坏，生物学活性丧失，易被蛋白酶分解。在临床医学上，变性因素常被应用于消毒及灭菌。反之，注意防止蛋白质变性则能有效地保存蛋白质制剂。

蛋白质变性并非是不可逆的变化，因变性蛋白质的一级结构未被破坏，当变性程度较轻时，如去除变性因素，有的蛋白质仍能恢复其原来的构象及功能，这种现象称为复性（renat-uration）。如前所述的牛胰核糖核酸酶，在 β - 巯基乙醇和尿素作用下发生变性，失去生物学活性，如经过透析去除尿素、β - 巯基乙醇，并设法使巯基氧化成二硫键，酶蛋白又可恢复其原来的构象，生物学活性也几乎全部恢复。这也说明，蛋白质的空间结构依赖于其一级结构。实际上，大多数蛋白质在变性后，由于其空间构象遭到严重破坏而不能复性。

视频 2　酒精消毒生化机理分析

五、蛋白质的凝固

将接近于等电点附近的蛋白质溶液加热，可使蛋白质因发生凝固（coagulation）而沉淀。加热首先使蛋白质变性，有规则的肽链结构被打开呈松散不规则的结构，分子的不对称性增加，疏水基团暴露，进而凝聚成凝胶状的蛋白块。如煮熟的鸡蛋，其蛋黄和蛋清都会凝固。凝固是蛋白质变性后进一步发展的不可逆结果。

六、蛋白质的紫外吸收和呈色反应

（一）蛋白质的紫外吸收

蛋白质分子普遍含有色氨酸和酪氨酸。此两种氨基酸分子中含有共轭双键，使蛋白质在波长 280 nm 紫外光下有最大吸收峰。280 nm 处吸光度的测定常用于蛋白质的定量。

（二）蛋白质的呈色反应

蛋白质由氨基酸组成，氨基酸的呈色反应必然会在蛋白质上表现出来，因此蛋白质也能呈现多种颜色反应。

1. 茚三酮反应（ninhydrin reaction）　α - 氨基酸与水化茚三酮作用时，产生蓝紫色反应，由于蛋白质是由许多 α - 氨基酸组成的，所以也呈蓝紫色反应。

2. 与考马斯亮蓝（coomassie brilliant blue）反应　考马斯亮蓝 G-250 染料，在酸性溶液中与蛋白质中的碱性氨基酸（特别是精氨酸）和芳香族氨基酸残基相结合，使染料的最大吸收峰的位置由 465 nm 变为 595 nm，溶液的颜色由棕黑色变为蓝色。

3. 双缩脲反应（biuret reaction）　蛋白质在碱性溶液中与硫酸铜作用呈现紫红色，称双缩脲反应。凡分子中含有 2 个以上肽键的化合物都呈此反应。蛋白质分子中氨基酸是以肽键相连的，因此所有蛋白质都能与双缩脲试剂发生反应。

此外，蛋白质分子还可与氨基黑 10B、酚试剂、乙醛酸试剂等发生颜色反应。

知识拓展

重金属中毒

重金属中毒是指相对原子质量大于 65 的重金属元素或其化合物引起的中毒，如汞中毒、铅中毒等。因为重金属能够使蛋白质的结构发生不可逆的改变，从而影响组织细胞功能，进而影响人体健康，例如体内的酶就不能够催化化学反应，细胞膜表面的载体就不能运入营养物质、排出代谢废物，肌球蛋白和肌动蛋白就无法完成肌肉收缩，所以体内细胞就无法获得营养，排除废物，无法产生能量，细胞结构崩溃和功能丧失。

环境污染、职业因素、食品污染等都可能会出现重金属中毒。习近平总书记在党的二十大报告中指出：我们的祖国天更蓝、山更绿、水更清，建设美丽中国关乎每个中国人的幸福生活，需要全体中华儿女共同努力。保护环境，人人有责。

目标检测

一、选择题

1. 维系蛋白质一级结构的主键是（　　）

A. 氢键

B. 离子键

C. 二硫键

D. 疏水键

E. 肽键

2. 组成蛋白质的基本单位是（　　）

A. D-α-氨基酸

B. L-α-氨基酸

C. L-β 氨基酸

D. D-β 氨基酸

E. L-D-α-氨基酸

3. 盐析法沉淀蛋白质的主要机制是（　　）

A. 无机盐与蛋白结合生成不溶性蛋白盐

B. 降低蛋白溶液的介电常数

C. 破坏蛋白质的一级结构

D. 破坏蛋白质空间结构

E. 破坏水化膜，中和表面电荷

4. 下列属于酸性氨基酸的是（　　）

A. 天冬氨酸

B. 精氨酸

C. 赖基酸

D. 酪氨酸

E. 半胱氨酸

5. 维持蛋白质二级结构最主要的化学键是（　　）

A. 肽键

B. 二硫键

C. 盐键

D. 疏水键

E. 氢键

6. 下面哪种方法沉淀出来的蛋白质具有生物学活性（　　）

A. 重金属盐

B. 盐析

C. 苦味酸

D. 强酸、强碱

E. 常温下有机溶剂

7. 蛋白质变性的特点是（　　）

A. 黏度下降

B. 丧失原有生物学活性

C. 颜色反应减弱

D. 溶解度增加

E. 不易被蛋白酶水解

8. 天然蛋白质不含有的氨基酸是（　　）

A. 鸟氨酸

B. 丙氨酸

C. 天冬氨酸

D. 酪氨酸

E. 组氨酸

9. 含有一条多肽链的蛋白质不能形成的结构是（　　）

A. 一级结构

B. 二级结构

C. 三级结构

D. 四级结构

E. 肽键平面

10. 蛋白质的 α - 螺旋存在于蛋白质的（　　）

A. 一级结构

B. 二级结构

C. 三级结构

D. 四级结构

E. 均不对

二、简答题

1. 请画出氨基酸的结构通式。

2. 简述蛋白质的一级结构与功能的关系。

三、拓展题

假如你是一名护士，请你对重金属中毒的作用机制及急救措施进行健康宣教。

选择题答案

1	2	3	4	5	6	7	8	9	10
E	B	E	A	E	B	B	A	D	B

项目二 酶

思维导图

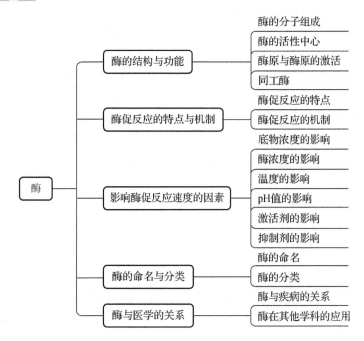

学习目标

知识目标

1. 掌握酶的概念、酶的化学本质、酶作用的特点、酶的活性中心。

2. 掌握酶浓度、底物浓度、温度、pH、激活剂和抑制剂对酶促反应速度的影响。

能力目标

1. 能够解释有机磷农药中毒的生化机制。

2. 能够解释磺胺类药物的作用机制。

素质目标

1. 具备科学精神、工匠精神、尊重生命的职业素养。

2. 具备创新能力、问题求解能力、思维能力。

案例导入

急性胰腺炎是胰酶在胰腺内被激活后引起胰腺组织自身消化的化学性炎症。主要表现为急性起病，有腹痛，伴恶心、呕吐、发热和不同程度的腹膜炎体征及血尿淀粉酶升高。轻者数日后可完全恢复，重者病情凶险，可出现各种并发症，死亡率高。本病常见的病因为胆道疾病、酗酒和暴饮暴食、胰管梗死。

问题思考：

1. 正常情况下，胰腺分泌的胰酶为什么不会对胰腺产生消化作用？
2. 急性胰腺炎患者血清或尿淀粉酶显著升高的原因是什么？
3. 通过查阅资料了解对急性胰腺炎患者的护理需要注意什么？

生命活动最重要的特征是新陈代谢，新陈代谢是由一系列复杂的化学反应完成的，这些化学反应是在极温和的条件下（37 ℃和近中性）迅速进行的。生物化学反应在体内如此顺利和迅速地进行，主要是因为生物体内存在一种特殊的催化剂——酶。酶（enzyme，E）是生物体内活细胞合成的具有催化能力的蛋白质，它又被称为生物催化剂。酶是一类有催化活性的蛋白质，酶促反应具有高度催化效率、高度专一性、高度不稳定性和可调节性。酶促反应的速度常受底物浓度、酶浓度、温度、pH 值、激活剂、抑制剂的影响。

任务一　酶的结构与功能

一、酶的分子组成

（一）酶的概念

酶（enzyme，E）是由活细胞产生的具有催化活性的一类特殊的蛋白质。

（二）酶的分子组成

酶的本质是蛋白质，根据酶的化学组成不同，可分为单纯酶和结合酶两类。

1. 单纯酶　仅由蛋白质构成，通常只有一条多肽链。其催化活性主要由蛋白质结构所决定。催化水解反应的酶，如淀粉酶、脂肪酶、蛋白酶、脲酶、核糖核酸酶等均属于单纯酶。

2. 结合酶　由蛋白质部分和非蛋白质部分组成，体内大多数酶属于结合酶。其蛋白质部分称为酶蛋白，非蛋白质部分称为辅助因子，二者结合形成的复合物称为全酶。单独的酶蛋白或辅助因子均无活性，只有全酶才具有催化活性。

结合酶（全酶）= 酶蛋白 + 辅助因子

酶的辅助因子又可根据其与酶蛋白结合的牢固程度不同，分为辅酶和辅基。

（1）辅酶：凡与酶蛋白结合疏松，能通过透析、超滤等方法去除的辅助因子称为辅酶。

（2）辅基：与酶蛋白结合牢固，不能用透析、超滤等方法去除的辅助因子称为辅基。

酶的辅助因子是酶中非蛋白质的部分，在酶促反应中主要起着递氢、递电子和传递某些化学基团的作用。

常见的辅助因子包括金属离子和一些小分子有机化合物。常见的金属离子主要有 K^+、Na^+、Cu^{2+}（或 Cu^+）、Zn^{2+}、Mg^{2+}、Fe^{2+}（或 Fe^{3+}）等，其作用主要有：①作为催化基团参与酶促反应，传递电子；②在酶与底物之间起桥梁作用，维持酶分子的构象；③中和阴离子，降低反应中的静电斥力。作为辅助因子的小分子有机化合物种类并不多，大多数分子结构中含有维生素和嘌呤碱，主要起传递电子、原子或某些化学基团的作用。

酶蛋白决定酶促反应的特异性，辅助因子决定反应性质，起传递电子、原子或某些化学基团的作用。

二、酶的活性中心

（一）必需基团

酶分子中存在的各种化学基团并不一定都与酶的活性有关，其中与酶的活性密切相关的基团称为酶的必需基团，如组氨酸残基的咪唑基、丝氨酸残基的羟基、半胱氨酸残基的巯基、酸性氨基酸残基的自由羧基、碱性氨基酸残基的自由氨基等是常见的必需基团。

（二）活性中心

必需基团在酶蛋白一级结构上可能相距甚远，但在空间结构上彼此靠近，组成具有特定空间结构的区域，能与底物特异结合并将底物转化为产物，这一区域称为酶的活性中心（图2-1），是酶发挥催化作用的关键部位。

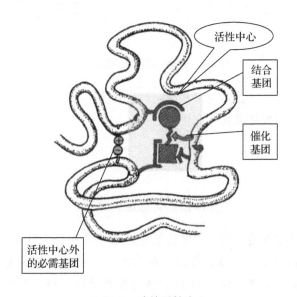

图2-1 酶的活性中心

酶活性中心的必需基团按功能差异分为两类：一是结合基团，其作用是与底物进行特异性结合形成酶－底物复合物；二是催化基团，其作用是影响底物中某些化学键的稳定性，并催化底物发生化学反应而转变为产物。活性中心内的必需基团有些可同时具有这两方面的功能。还有一些必需基团虽不直接参与活性中心的组成，但对维持酶活性中心特有的空间构象所必需，这些基团称为酶活性中心以外的必需基团。

三、酶原与酶原的激活

某些酶在细胞内合成或初分泌时没有活性，这些没有活性的酶的前身称为酶原。在一定条件下，使酶原转变为有活性酶的作用称为酶原激活。酶原激活的实质是活性中心的形成或暴露的过程。

例如，胰蛋白酶刚从胰脏细胞分泌出来时以无活性的酶原形式存在，当它进入小肠后，在 Ca^{2+} 的存在下，受小肠黏膜分泌的肠激酶作用，赖氨酸－异亮氨酸间的肽键被水解打断，失去一个六肽，酶的构象发生一定的变化，形成了催化作用必需的活性中心，酶具有了催化活性，过程见图 2-2 所示。

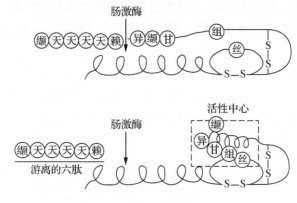

图 2-2 胰蛋白酶原的激活过程

酶原激活的生理意义：一是避免某些细胞产生的蛋白酶对细胞进行自身消化；二是保证酶原在特定的部位与环境发挥其催化作用。

知识拓展

酶原激活与急性胰腺炎

急性胰腺炎是一种常见的疾病，正常胰腺能分泌十几种酶，其中以胰淀粉酶、蛋白酶、脂肪酶为主。这些酶正常情况下多以无活性的酶原形式存在，以避免胰腺被自身消化。如胰腺在各种致病因素作用下，胰腺细胞受损，释放溶酶体水解酶，使胰蛋白酶原在胰腺组织内还未进小肠时就被激活，激活的蛋白酶水解自身的胰腺细胞，导致胰腺组织细胞受损、出血、肿胀、坏死，而且被激活的酶还可进入血液，造成严重后果。

视频3 急性胰腺炎生化机理分析

四、同工酶

同工酶是酶蛋白的分子结构、理化性质和免疫特性均不同，但其催化的化学反应相同的一组酶。同工酶存在于同一种机体的不同组织或同一细胞的不同亚细胞结构中，在生长发育的不同时期和不同条件下，都有不同的同工酶分布。

近年来随着酶分离技术的进步，已陆续发现的同工酶有数百种，最典型的是乳酸脱氢酶（LDH）。乳酸脱氢酶是能催化丙酮酸生成乳酸的酶，几乎存在于所有组织中，具有组织特异性和器官特异性（表2-1）。LDH有五种同工酶，都由四个亚基组成。LDH的亚基可分为骨骼肌型（M型）和心肌型（H型）两种，M亚基、H亚基的氨基酸组成和顺序不同。两种亚基以不同比例组成五种四聚体（图2-3），即 LDH$_1$（H$_4$）、LDH$_2$（H$_3$M$_1$）、LDH$_3$（H$_2$M$_2$）、LDH$_4$（H$_1$M$_3$）、LDH$_5$（M$_4$），可用电泳方法将其分离。

● H亚基(心肌型)　　● M亚基(骨骼肌型)

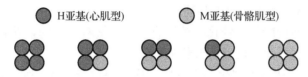

图2-3　LDH五种同工酶

表2-1　人体各组织器官中 LDH 的分布

部位	同工酶百分比				
	LDH$_1$	LDH$_2$	LDH$_3$	LDH$_4$	LDH$_5$
心肌	67	29	4	<1	<1
肾	52	28	16	4	<1
肝	2	4	11	27	56
骨骼肌	4	7	21	27	41
红细胞	42	36	15	5	2
肺	10	20	30	25	15
胰腺	30	15	50	—	5
脾	10	25	40	25	5
子宫	5	25	44	22	4

同工酶具有组织特异性和器官特异性。

任务二　酶促反应的特点与机制

一、酶促反应的特点

酶所催化的反应称为酶促反应，被酶催化的物质称为底物（substrate，S），反应后生成的物质称为产物（product，P）。酶具有一般催化剂的作用特点：能加快反应速率，不影响反应的平衡常数，反应前后自身不发生变化。催化本质是降低反应的活化能。

除此以外，作为生物催化剂，酶还有其自身的作用特点。

（一）高效性

虽然酶在细胞中的含量很低，但因其催化效率极高，能保证生化反应高速进行，维持细胞较高的生长速率。

一般而论，酶催化反应的反应速率比非催化反应高 $10^8 \sim 10^{20}$ 倍，比其他催化反应高 $10^7 \sim 10^{13}$ 倍。

（二）专一性

酶对所催化的反应类型、反应物有一定的选择性。酶只能催化某一反应的现象称为酶的专一性。

酶对底物的专一性通常分为以下几种。

1. 绝对专一性　有的酶只能催化一种反应，称为绝对专一性，如脲酶，只能催化尿素水解成 NH_3 和 CO_2，而不能催化甲基尿素水解。

2. 相对专一性　一种酶可催化一类反应，称为相对专一性。如脂肪酶不仅水解脂肪，也能水解简单的酯类。磷酸酶对一般的磷酸酯都有作用，无论是甘油的还是一元醇或酚的磷酸酯均可被其水解。

（三）高度不稳定性

酶的化学本质是蛋白质，凡使蛋白质变性的因素均能使酶变性而失活。因此，酶促反应要求在一定的 pH、温度和压力等比较温和的条件下进行，强酸、强碱、有机溶剂、重金属盐、高温、紫外线等任何使蛋白质变性的理化因素均能影响酶的活性，甚至使酶失去活性。

（四）可调节性

这是酶区别于化学催化剂的一个重要特性。酶的调控方式很多，包括反馈调节、别构调节、共价修饰调节、抑制调节及激素控制等。生物体内酶的调节是错综复杂而又十分重要的，是生物体维持正常生命活动必不可少的，生物体内化学反应绝大多数是在酶催化下进行的，一旦失去了调控，就会表现病态甚至死亡。通过改变酶活性可以影响代谢速度甚至代谢方向，这是生物体内代谢调节的重要方式。对于一个连续的酶促反应体系，欲改变代谢速度，通常不必改变代谢途径中所有酶的活性，只需调节其中一个或几个关键酶。

二、酶促反应的机制

（一）中间产物学说

酶能加速化学反应是因为降低反应所需活化能（图 2-4）。酶如何使反应的活化能降低？目前比较圆满的解释是中间产物学说。根据中间产物学说，酶在催化底物转化为产物之前，首先与底物结合成一个不稳定的中间产物 ES，然后 ES 再分解成产物和原来的酶，使原来能阈较高的一步反应变成能阈较低的两步反应。$E + S \Leftrightarrow ES \Leftrightarrow E + P$。

（二）诱导契合学说

酶和底物如何结合成中间产物？又是如何完成其催化过程的呢？普遍能接受是诱导契合学说。

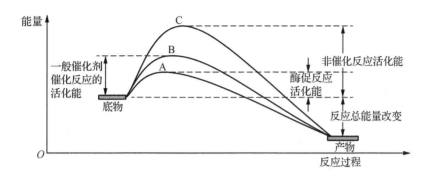

图2-4　酶降低活化能机制图解

有的学者认为酶和底物结合时，底物的结构必须和酶活性部位的结构非常吻合，就像锁和钥匙一样，这样才能紧密结合形成中间产物。这就是1890年由Emil Fischer提出的"锁与钥匙学说"，但是后来发现，当底物与酶结合时，酶分子上的某些基团常发生明显的变化，另外对于可逆反应，酶常能够催化正、逆2个方向的反应，很难解释酶活性部位的结构与底物和产物的结构都非常吻合，因此"锁与钥匙学说"把酶的结构看成固定不变是不切实际的。于是，有的学者认为酶分子活性部位的结构原来并非和底物的结构互相吻合的刚性结构，它具有一定的柔性，可发生一定程度的变化。当底物与酶接近时，底物可诱导酶蛋白的构象发生相应的变化，使活性部位上有关的各个基团达到正确的排列和定向，因而使酶和底物契合而结合成中间产物，并催化底物发生化学反应。这就是1958年由DE Koshland提出的"诱导契合学说"。后来，对羧肽酶等进行X射线衍射研究的结果也有力地支持了这个学说。可以说，诱导契合学说较好地解释了酶作用的专一性。

任务三　影响酶促反应速度的因素

酶促反应速度是指单位时间内底物的消耗量或测定单位时间内产物的生成量。影响因素主要有酶浓度、底物浓度、pH值、温度、激活剂和抑制剂等。

一、底物浓度的影响

在酶浓度、pH、温度等条件固定不变的情况下，对许多单底物酶促反应，酶促反应速度 V 与底物浓度 [S] 的关系呈现矩形双曲线（图2-5）。第一阶段：[S] 很低时，酶促反应速度与 [S] 呈正比。第二阶段：[S] 较高时，反应速度虽然也随S的增加而加快，但不呈正比关系。第三阶段：[S] 增高到一定程度时，反应速度趋于恒定，不再随S的增加而加快，达到最大反应速度。

为了解释底物浓度与酶促反应速度之间的关系，1913年，由米凯利斯 Leonor Michaelis（1875年–1949年）和门顿 Maud Menten（1879年–1960年）两名科学家根据中间产物学说，推导出了反应速度和底物浓度关系的数学方程式，即著名的米氏方程。这个反应方程式表示的是：反应速度等于 $V_{max}[S]/K_m + [S]$，其中 V_{max} 为最大反应速度，[S] 为底物浓度，

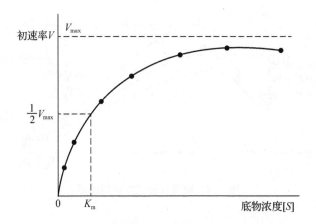

图2-5　底物浓度对酶促反应速度的影响

K_m 为米氏常数，V 为不同时期的反应速度。根据米氏方程式可知，当酶促反应速度为最大反应速度的一半时，即 $V = 1/2 V_{max}$ 时，米氏常数值等于底物浓度（$K_m = [S]$）。

K_m 为酶特征性常数之一，其意义在于以下 3 个方面。

1. 可判断酶与底物的亲和力，即 K_m 越大，酶与底物的亲和力越小。两者呈负相关。

2. 可判断酶作用的天然底物。即 K_m 越小的底物为酶的天然底物。

3. 可判断酶对正逆两相反应的催化效率。即酶对 K_m 较小的那相反应的催化效率更高。

二、酶浓度的影响

酶促反应速度随酶浓度的关系曲线为直线（图2-6）。

在酶催化的反应中，当底物浓度大大超过酶浓度时，反应速度随酶浓度的增加而增加（当温度和 pH 值不变时），两者成正比例关系。

三、温度的影响

绝大多数化学反应的反应速度都和温度有关，酶催化的反应也不例外。如果在不同温度条件下进行某种酶反应，然后将测得的反应速度相对于温度作图，即可得到如图2-7所示的钟罩形曲线。从图上曲线可以看出，在较低的温度范围内，酶促反应速度随温度升高而增

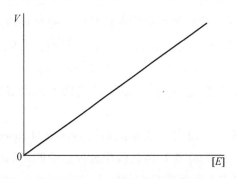

图2-6　酶浓度对酶促反应速度的影响

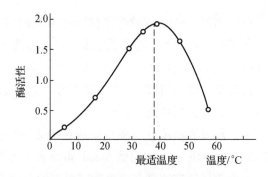

图2-7　温度对酶促反应速度的影响

大，但超过一定温度后，反应速度反而下降，因此只有在某一温度下，反应速度才达到最大值，这个温度通常就称为酶促反应的最适温度。每种酶在一定条件下都有其最适温度。一般讲，动物细胞内的酶最适温度在 35 ~ 40 ℃，植物细胞中的酶最适温度稍高，通常在 40 ~ 50 ℃，微生物中的酶最适温度差别较大。

四、pH 值的影响

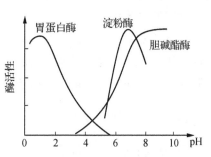

pH 值与酶促反应之间的关系曲线为钟罩形曲线（图2-8）。

每一种酶只能在一定限度的 pH 值范围内才表现活性，超过这个范围酶就会失去活性。大部分酶的活力受其环境 pH 值的影响，在一定 pH 值下，酶促反应具有最大速率，高于或低于此值，反应速率下降，

图2-8　pH 对某几种酶酶活性的影响

通常称此 pH 值为酶反应的最适 pH 值。当小于最适 pH 值时，酶促反应速度随 pH 值升高而增大，但超过最适 pH 值后，反应速度反而下降。

最适 pH 值有时因底物种类、浓度及缓冲溶液成分不同而不同，因此，酶的最适 pH 值并不是一个常数，只是在一定条件下才有意义。酶的最适 pH 值一般在 4.0 ~ 8.0，动物酶最适 pH 值在 6.5 ~ 8.0，植物及微生物酶最适 pH 值在 4.5 ~ 6.5。但也有例外，如胃蛋白酶为 1.5、精氨酸酶（肝脏中）为 9.7。

五、激活剂的影响

凡是能提高酶活力的简单化合物都称为激活剂。酶的激活剂主要是一些简单的无机离子，如无机阳离子 Na^+、K^+、Ca^{2+}、Mn^{2+}、Cu^{2+}、Zn^{2+}、Cr^{2+}、Fe^{2+} 等和无机阴离子 Cl^-、Br^-、I^-、CN^- 等，都可作为激活剂而起作用。

六、抑制剂的影响

凡使酶活力下降，但并不引起酶蛋白变性的物质称为抑制剂。根据抑制剂与酶结合的紧密程度不同，可将其分为不可逆抑制作用和可逆抑制作用两大类。

（一）不可逆抑制作用

抑制剂与酶以共价键形式结合，比较紧密，不能用透析、超滤等物理方法除去，称为不可逆抑制作用。不可逆抑制剂主要有以下几类。

1. 有机磷化合物　常见的有丙氟磷（DFP）、敌敌畏、敌百虫、对硫磷等，这类化合物强烈地抑制对神经传导有关的胆碱酯酶活力，使乙酰胆碱不能分解为乙酸和胆碱，引起乙酰胆碱的积累，使一些以乙酰胆碱为传导介质的神经系统处于过度兴奋状态，产生一系列症状，如头晕、流涎、瞳孔缩小、多汗、肌束震颤、肺水肿、意识障碍等，引起神经中毒症状。有机磷制剂与酶结合后虽不解离，但用解磷定（碘化醛肟甲基吡啶）或氯磷定（氯化醛肟

视频4　有机磷中毒生化机理分析

甲基吡啶）能把酶上的磷酸根除去，使酶复活。在临床上它们作为有机磷中毒后的解毒药物。

2. 青霉素 青霉素是一种不可逆抑制剂，与糖肽转肽酶活性部位的丝氨酸羟基共价结合，使酶失活，细菌细胞壁合成受阻，细菌生长受到抑制。因此青霉素起到抗菌作用，是临床上常用的抗菌药。

3. 重金属盐 如 Ag^+、Cu^{2+}、Hg^{2+}、Pb^{2+}、Fe^{3+} 的重金属盐在高浓度时，能使酶蛋白变性失活。在低浓度时对某些酶的活性产生抑制作用，一般可以使用金属螯合剂如 EDTA、半胱氨酸等去除有害的重金属离子，恢复酶的活力。

（二）可逆抑制作用

酶与抑制剂以非共价结合，结合比较疏松，可用透析、超滤等简单物理方法除去，这种抑制作用称为可逆抑制作用。根据抑制剂在酶分子上结合位置的不同，又分为竞争性抑制和非竞争性抑制。

1. 竞争性抑制抑制

（1）概念：抑制剂和底物的结构相似，可与底物竞争同一酶的活性中心，从而阻碍酶与底物结合，使酶促反应速度减慢，这种抑制称竞争性抑制。其反应式如图 2-9 所示。竞争性抑制作用在临床上应用广泛，许多抗代谢药和抗癌药都是竞争性抑制剂。

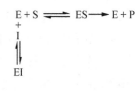

图 2-9　竞争性抑制作用反应式

（2）竞争性抑制作用的临床应用：①广谱抗生素磺胺类药物对 FH2 合成酶的抑制；②治疗痛风症的别嘌呤醇对黄嘌呤氧化酶的抑制；③治疗白血病的甲氨蝶呤对 FH2 还原酶的抑制。

以磺胺类药物为例，它的结构与对氨基苯甲酸十分相似，它是对氨基苯甲酸的竞争性抑制剂。

细菌的生长繁殖需要利用环境中的对氨苯甲酸，对氨苯甲酸和二氢蝶呤、谷氨酸在二氢叶酸合成酶的作用下形成二氢叶酸，然后在二氢叶酸还原酶作用下形成四氢叶酸，四氢叶酸是细菌体内嘌呤核苷酸合成过程中的重要辅酶，与核酸形成有关。如果缺乏会导致细菌生长繁殖受阻（图 2-10）。

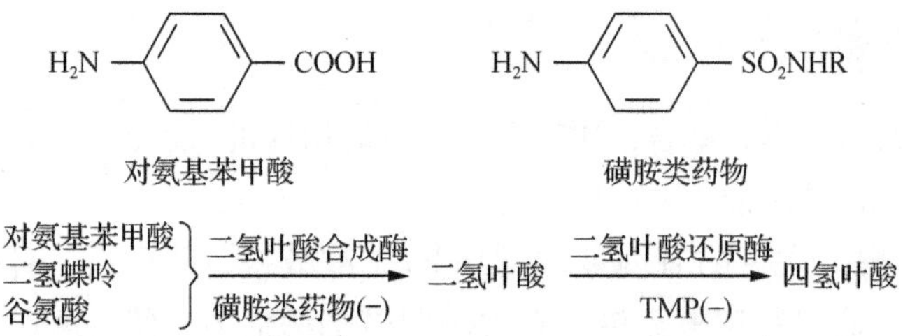

$$H_2N-\!\!\!\bigcirc\!\!\!-COOH \qquad H_2N-\!\!\!\bigcirc\!\!\!-SO_2NHR$$

对氨基苯甲酸　　　　　　　　　　磺胺类药物

$$\left.\begin{array}{l}对氨基苯甲酸\\二氢蝶呤\\谷氨酸\end{array}\right\}\xrightarrow[\text{磺胺类药物}(-)]{\text{二氢叶酸合成酶}}二氢叶酸\xrightarrow[\text{TMP}(-)]{\text{二氢叶酸还原酶}}四氢叶酸$$

图 2-10　磺胺类药物对 FH2 合成酶的抑制图解

磺胺类药物的化学结构与对氨苯甲酸类似，能够与对氨苯甲酸形成竞争关系，从而导致对氨苯甲酸得不到充分利用，四氢叶酸合成量减少，相应的也就影响了细菌的生长繁殖，起到了杀菌作用。

（3）竞争性抑制作用特点：①抑制剂（I）与底物（S）结构相似；②抑制剂与酶的活性中心结合；③抑制程度取决于抑制剂（I）与底物（S）的相对浓度；④在抑制剂浓度不变时，可以用增大底物浓度方式来减弱或消除抑制作用。

2. 非竞争性抑制

（1）概念：非竞争性抑制是指抑制剂与底物结构不同，抑制剂（I）和底物（S）可以分别与酶分子结合形成酶-底物-抑制剂三元复合物 ESI，因不能转变为产物，致使酶催化活性受到的抑制作用，其反应式如图 2-11 所示。

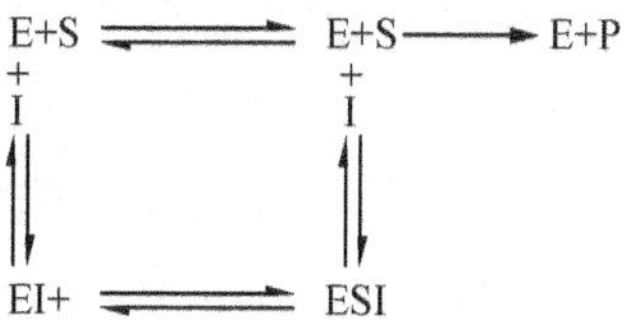

$$E+S \rightleftharpoons E+S \longrightarrow E+P$$

图 2-11　非竞争性抑制作用反应式

（2）非竞争性抑制作用特点：①抑制剂（I）与底物（S）结构不相似；②抑制剂与酶的活性中心以外的部位结合；③抑制程度完全取决于抑制剂的浓度。

任务四　酶的命名与分类

生物体内酶的种类繁多，随着生物化学、分子生物学等学科的发展，发现的酶也越来越多。为了方便研究和使用，必须对酶进行科学命名和分类。

一、酶的命名

（一）习惯命名法

习惯命名法对酶的命名都是习惯沿用的，主要依据以下 2 个原则。

1. 根据酶催化的底物命名，如催化淀粉水解的酶称为淀粉酶，催化蛋白质水解的酶称为蛋白酶。有时为了区别酶的来源还加上器官名，如胃蛋白酶。

2. 根据酶促反应的性质类型命名，如氧化酶、氨基转移酶（简称转氨酶）。

有时将上述两种方法结合起来命名，如乳酸脱氢酶，是催化乳酸脱氢反应的酶类。习惯命名法缺乏系统性，容易出现一个酶有几种名称或不同的酶用同一个名称的现象，但习惯命名方法简单，使用时间长，迄今仍被人们使用。

（二）系统命名法

1961 年，国际生物化学和分子生物学学会（IUBMB）根据酶的分类为依据，提出系统命名法，规定每一个酶有一个系统名称（systematic name），它标明酶的所有底物和反应性质。各底物名称之间用"："分开。如草酸氧化酶，因为有草酸和氧 2 个底物，应用"："隔开，又因是氧化反应，所以其系统命名为：草酸：氧化酶；如有水作为底物，则水可以不写。有时底物名称太长，为了使用方便，国际酶学学会从每种酶的习惯名称中，选定一个简便和实用的作为推荐名称（recommended name）。可从手册和数据库中检索。

在国际科学文献中，为严格起见，一般使用酶的系统名称，但是因某些系统名称太长，为了方便起见，有时仍使用酶的习惯名称。

二、酶的分类

国际系统分类法按酶促反应类型，将酶分成以下 6 大类。

1. 氧化还原酶类　一类催化氧化还原反应的酶，可分为氧化酶和还原酶两类。例如，葡萄糖氧化酶、乳酸脱氢酶等。

2. 转移酶类　催化化合物某些基团的转移。即将一种分子上的某一基团转移到另一种分子上的反应。例如，谷丙转氨酶等。

3. 水解酶　催化水解反应。例如，磷酸二酯酶等。

4. 裂合酶类　催化从底物移去一个基团而形成双键的反应或其逆反应。例如，醛缩酶等。

5. 异构酶类　催化各种同分异构体之间的相互转变，即分子内部基团的重新排列。例如，6 – 磷酸葡萄糖异构酶。

6. 合成酶类（或连接酶类）　催化两分子底物合成为一分子化合物，同时有三磷酸腺苷（ATP）参加的合成反应。例如，氨基酰 – tRNA 合成酶、谷氨酰胺合成酶等。

任务五　酶与医学的关系

体内几乎所有代谢反应均需酶的参与，而且对物质代谢的控制也多通过对酶活性的调节来实现。现在已经清楚，人类的不少疾病是由于某种酶的变异、减少或缺失所致，因此酶的缺失或变异可引起代谢紊乱而致病。

一、酶与疾病的关系

（一）酶与疾病的发生

不少代谢性疾病是先天性某种酶的缺乏，如白化病因缺乏酪氨酸羟化酶，糖原贮积病、脂质贮积病、苯丙酮酸尿症等也是酶缺陷所致（图 2–12）。酶缺陷或酶活性受到抑制均能引起疾病。

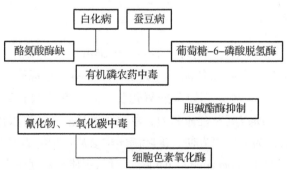

图 2–12　先天性某种酶的缺乏引起相关代谢疾病

（二）酶与疾病的诊断

对某些酶的活性的测定，常有助于疾病的诊断，因此酶学与疾病病因、诊断、治疗诸方面都很密切。血清酶活性的测定对疾病的诊断、治疗评价和预后判断具有重要意义。

有机磷（如敌敌畏）等农药可抑制胆碱酯酶的活性，故有毒性。疾病时常有血清酶的改变，可用此作为诊断的依据。常用于诊断的血清酶有 20 多种。如肝脏疾病时可测定血清谷丙转氨酶。许多酶可应用于治疗，各类水解酶，如淀粉酶、胃蛋白酶可口服以帮助消化。尿激酶、链激酶可以激活纤溶酶原，用以溶解血栓、疏通血管、治疗各类栓塞，如心肌梗死和脑栓塞。

（三）酶与疾病的治疗

酶可作为药物治疗疾病。

胃蛋白酶、胰蛋白酶、胰脂肪酶可治疗消化不良；胰蛋白酶、胰凝乳蛋白酶可治疗外科扩创、伤口净化、浆膜粘连；链激酶、尿激酶可用于治疗心脑血管栓塞。

二、酶在其他学科的应用

酶的生产和应用的过程称为酶工程或酶工艺。人们把酶工程分为化学酶工程和生物酶工程。化学酶工程正在工业与医学上产生巨大的经济效益，但生物酶工程尚处在幼年时代。

生物酶工程是酶学原理和以其因重组技术为主的现代分子学技术相结合的产物，主要任务：①采用基因重组技术生产酶（克隆酶），目前已成功生产了 100 多种酶基因；②通过基因工程技术，使酶基因发生定位突变，产生遗传性修饰酶（突变酶）；③设计新酶基因合成自然界不曾有的酶（新酶）。

酶与医学研究　酶可作为试剂用于临床检验；可作为工具用于科学研究。

目标检测

一、选择题

1. 酶的化学本质是（　　）

A. 核苷酸

B. 脂肪酸

C. 氨基酸

D. 蛋白质

2. 酶发挥催化作用的关键部位是（　　）

A. 酶蛋白

B. 酶的活性中心

C. 辅助因子

D. 活性中心外的必需基团

3. 以下说法不正确的是（　　）

A. 酶原的激活过程就是酶的活性中心形成或暴露的过程

B. 酶原激活是生物体自身的一种保护功能

C. 胰蛋白酶原具有消化分解蛋白质的功能

D. 酶原在特定部位被激活可以保证酶在特定部位发挥作用

4. 可以催化相同的化学反应，但是酶的分子组成并不相同的一组酶称为（　　）

A. 酶原

B. 结合酶

C. 单纯酶

D. 同工酶

二、简答题

1. 酶的催化作用有哪些特点？

2. 写出结合酶的组成及其各部分功能。

3. 什么叫同工酶，有何医学意义？

4. 以磺胺药为例说明竞争性抑制特点。

5. 影响酶促反应速度的因素有哪些？

三、拓展题

1. "加酶洗衣粉"能够更高效的洗净衣物，为什么？

2. 用沸水冲化加酶洗衣粉，往往不容易将衣物洗干净，为什么？

3. 很多奶粉上都注有"温水冲调"的字样，请问其中的生化原理是什么？

选择题答案

1	2	3	4
D	B	C	D

项目三 维生素

思维导图

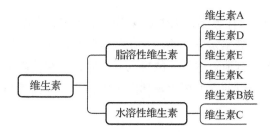

学习目标

知识目标

1. 掌握维生素的概念及分类。

2. 掌握各种维生素对人体健康的作用及相应的缺乏症。

3. 掌握日常生活中获取各种维生素的主要途径。

能力目标

1. 能够运用维生素的相关知识指导合理膳食。

2. 能够运用维生素的相关知识解释缺乏症的发病机制。

素质目标

1. 树立科学保健、合理膳食的观念。

2. 形成辩证看待事物的能力。

3. 具备科学精神、工匠精神及尊重生命的职业素养。

4. 具备创新能力、问题求解能力、思维能力。

案例导学

1734 年，在开往格陵兰的海船上，有一个船员得了严重的坏血病，当时这种病无法医治，其他船员只好把他抛弃在一个荒岛上。待他苏醒过来，用野草充饥，几天后他的坏血病竟不治而愈了。诸如此类的坏血病，曾夺去了几十万英国水手的生命。1747 年，英国海军军医林德总结了前人的经验，建议海军和远征船队的船员在远航时要多吃些柠檬，他的建议被采纳，从此也未曾发生过坏血病。

问题思考：

柠檬中到底是何种物质对坏血病有抵抗作用呢？

维生素（Vitamin）是人和动物为维持正常的生理功能而必须从食物中获得的一类微量小分子有机物质，在人体生长、代谢、发育过程中发挥着重要的作用。这类物质由于体内不能合成或合成量不足，所以虽然需要量很少，但必须经常由食物供给。

任务一　脂溶性维生素

维生素 A、维生素 D、维生素 E、维生素 K 等不溶于水，而溶于脂肪和脂溶剂，因此统称为脂溶性维生素。脂溶性维生素可在体内，尤其是肝脏内储存，故无须每天摄取。在肠道吸收时，与脂类吸收有关，排泄效率低，故摄入过多时，可在体内蓄积，产生有害作用，甚至发生中毒。脂溶性维生素以独立发挥生理功能为主，不以辅酶或辅基形式存在。

一、维生素 A

维生素 A 又称为视黄醇，是一个具有脂环的不饱和一元醇类。维生素 A 包括维生素 A_1 和维生素 A_2 两种。维生素 A_1 即通常所称的视黄醇，在体内可被氧化为视黄醛，主要存在于哺乳动物及咸水鱼的肝脏中。维生素 A_2 又称为 3 – 脱氢视黄醇，主要存在于淡水鱼的肝脏中。在动物乳制品及蛋黄中，维生素 A 含量丰富，胡萝卜、绿叶蔬菜及玉米中维生素 A 含量较多，可以通过 β – 胡萝卜素裂解生成而得。日常生活中，维生素 A 摄取过多，会引起中毒，危害人体健康。

维生素 A 的结构与 β – 胡萝卜素的结构相似。β – 胡萝卜素本身不具生物活性，但在酶的作用下可裂解为 2 分子的视黄醛，再被还原形成具有生物活性的视黄醇。因此，β – 胡萝卜素是维生素 A 的主要前体物质，故称为维生素 A 原。

维生素 A 的生理功能主要有以下几个方面。

1. 维持正常视觉　眼睛对弱光的感光性主要取决于视紫红质。人在傍晚及暗处，对暗适应能力主要与视紫红质的浓度有关。维生素 A 可参与视网膜视紫红质的合成，维持正常的暗适应能力，维持正常视觉。维生素 A 缺乏，暗适应能力下降，则会引起夜盲症。

2. 维持机体上皮组织健康　维生素 A 可参与上皮细胞与黏膜细胞中糖蛋白的生物合成，以维持上皮细胞的正常结构和功能。当泪腺上皮组织分泌功能受阻，可使角膜、结膜干燥发炎，产生干眼病，所以维生素 A 又叫抗干眼病维生素。

3. 刺激组织生长和分化　维生素 A 能促进蛋白质的生物合成和骨细胞的分化，从而可促进机体的生长、骨骼的发育。

4. 增强机体免疫　维生素 A 可参与免疫球蛋白的合成，以此可增加机体抗感染免疫作用。

5. 抗癌作用　维生素 A 可促进上皮细胞的正常分化，并控制其细胞恶变，从而具有一定的防癌作用。

二、维生素 D

维生素 D 是固醇类衍生物，主要存在于肝脏、奶及蛋黄中，尤以鱼肝油中含量最为丰富。

维生素 D 可以防治佝偻病、软骨病和手足抽搐症等，所以维生素 D 又称为抗佝偻病维生素。

维生素 D 种类较多，最重要的是麦角钙化醇（维生素 D_2）和胆钙化醇（维生素 D_3），适当的日光照射可弥补机体维生素 D 的不足。

维生素 D 的主要生理功能是促进小肠黏膜细胞对钙和磷的吸收，提高血钙、血磷浓度，有利于新骨骼的生成和钙化。

当维生素 D 缺乏时，肠道内钙、磷吸收受阻，血钙和血磷浓度下降，会引起儿童佝偻病，成人特别是孕妇和哺乳妇女易患软骨病。但是，过多服用维生素 D，则会引起头痛、厌食、恶心等症状，严重时会出现软组织钙化、肾衰竭、高血压等。当维生素 D 中毒时，应及时停止维生素 D 摄入，避免日光和紫外线的照射，并及时治疗。

知识拓展

佝偻病

佝偻病即由于婴幼儿、儿童、青少年体内维生素 D 不足，引起钙、磷代谢紊乱，而产生的一种以骨骼病变为特征的全身、慢性、营养性疾病。其主要特征是生长着的长骨干骺端软骨板和骨组织钙化不全，维生素 D 不足使成熟骨钙化不全。这一疾病的高危人群是 2 岁以内（尤其是 3～18 个月）的婴幼儿，可以通过摄入充足的维生素 D 得以预防。近年来，重度佝偻病的发病率逐年降低，但是北方佝偻病患病率高于南方，轻、中度佝偻病发病率仍较高。

三、维生素 E

维生素 E 与动物生育有关，故称为生育酚，主要存在于植物油中，尤以麦胚油、大豆油、玉米油和葵花籽油中含量最为丰富，在豆类及蔬菜中含量也较多。正常情况下，人体很少发生维生素 E 缺乏。早产儿缺乏维生素 E 会产生溶血性贫血，成人会导致红细胞寿命减短，会发生肌肉退化等现象。

维生素 E 是一种很好的抗氧化剂，可以避免脂质中过氧化物的产生，可清除自由基，保护不饱和脂肪酸和生物大分子物质，保护生物膜的结构和功能。维生素 E 可促进血红素的合成，延长红细胞的寿命，防止红细胞被氧化破裂而造成溶血。维生素 E 与动物生殖密切相关，缺乏维生素 E 动物则不能生育。

四、维生素 K

维生素 K 具有促进凝血功能，故又称凝血维生素。

维生素 K 的生理功能有：促进肝脏合成凝血酶原，调节凝血因子 Ⅱ、Ⅶ、Ⅸ、Ⅹ 的合成，促进血液凝固。参与骨盐代谢，骨化组织中存在维生素 K 依赖的骨钙蛋白。作为电子传递链的一部分，参与氧化磷酸化过程。

缺乏维生素 K，凝血酶原合成受阻，导致凝血时间延长，常常会发生肌肉和肠道出血。

任务二 水溶性维生素

B 族维生素、维生素 C 均溶于水而不溶于有机溶剂，因此统称为水溶性维生素。

水溶性维生素具有以下特点。

1. 溶于水，不溶于脂肪及有机溶剂。

2. 进入人体的多余的水溶性维生素易从尿液排出，体内不能多储存，也不易出现中毒症状，但因储存很少必须经常从食物中摄取。

3. 绝大多数以辅酶或辅基形式参与酶的代谢反应。

一、维生素 B 族

B 族维生素主要有维生素 B_1、维生素 B_2、维生素 B_3（泛酸）、维生素 B_5（PP）、维生素 B_6、维生素 B_7（生物素）、叶酸和维生素 B_{12} 等。

（一）维生素 B_1 和焦磷酸硫胺素

维生素 B_1 又称为抗神经炎维生素，也称为抗脚气病维生素。维生素 B_1 的化学结构是由含硫的噻唑环和含氨基的嘧啶环组成的，故也称为硫胺素。在生物体内，维生素 B_1 常以焦磷酸硫胺素（TPP）的形式存在。TPP 可以作为脱羧酶、丙酮酸脱氢酶系和 α-酮戊二酸脱氢酶系的辅酶，参与许多 α-酮酸的脱羧反应，糖代谢密切相关。

维生素 B_1 缺乏时，体内的 TPP 含量减少，糖代谢过程中丙酮酸氧化脱羧作用受到阻碍，会导致血液、尿液和脑组织中的丙酮酸含量增多，可引起多发性神经炎，就会产生烦躁易怒、四肢麻木、心肌萎缩、心力衰竭、下肢水肿等症状，临床上称为脚气病。维生素 B_1 可抑制胆碱酯酶的活性，缺乏时，该酶活性升高，乙酰胆碱水解加速，使神经传导受到影响，造成胃肠蠕动缓慢，消化液分泌减少，出现食欲缺乏、消化不良等症状。

维生素 B_1 主要存在于种子外皮及胚芽中，米糠、麦麸、黄豆、酵母、瘦肉等食物中含量最丰富。维生素 B_1 极易溶于水，故米不宜多淘洗以免造成维生素 B_1 的损失。

（二）维生素 B_2 和黄素辅酶

维生素 B_2 又称为核黄素。在生物体内，维生素 B_2 常以黄素单核苷酸（FMN）和黄素腺嘌呤二核苷酸（FAD）的形式存在，它们具有氧化还原能力，是生物体内一些氧化还原酶（黄素蛋白）的辅基，故 FMN 和 FAD 又称为黄素辅酶。

维生素 B_2 在糖、脂肪、氨基酸代谢中都非常重要，可作为辅酶参与生物氧化，对维持皮肤、黏膜和视觉的正常机能均有一定作用。当人体缺乏维生素 B_2 时，会出现口舌炎、唇炎、眼角膜炎等症状。

维生素 B_2 广泛存在于自然界中，小麦、青菜、大豆、蛋黄、胚和米糠等都含有丰富的维生素 B_2。动物肝脏及酵母中含量较高，绿色植物及某些细菌和霉菌能合成核黄素，但在动物体内却不能合成，必须由食物提供。

（三）泛酸（维生素 B₃）和辅酶 A

泛酸也称为维生素 B₃，是自然界中分布十分广泛的维生素，故又称为遍多酸。在生物体内，泛酸的主要活性形式是辅酶 A（CoA）。辅酶 A 在代谢过程中作为酰基载体，起传递酰基的作用，是各种酰化反应的辅酶。在糖代谢、脂代谢和氨基酸代谢的相互关系中是一个很重要的穿梭物质。当携带乙酰时，形成 $CH_3CO\text{-}CoA$，称为乙酰辅酶 A。

临床上，辅酶 A 对厌食、乏力等症状有明显的疗效，故被广泛用于多种疾病的重要辅助药物，如白细胞减少症、功能性低热、脂肪肝、各种肝炎、冠心病等。

泛酸广泛存在于动植物细胞中，尤其是蜂王浆中含量较多，同时肠内细菌也能合成泛酸供人体使用，所以人类暂未发现缺乏症。

（四）维生素 B₅ 和 NAD⁺、NADP⁺

维生素 B₅ 又称维生素 PP，或称为抗癞皮病维生素，包括烟酸（又称尼克酸）和烟酰胺（又称尼克酰胺）两种物质。维生素 B₅ 在体内主要是以烟酰胺形式存在，烟酰胺与核糖、磷酸、腺嘌呤组成脱氢酶辅酶，一个是烟酰胺腺嘌呤二核苷酸，简称 NAD^+。另一个是烟酰胺腺嘌呤二核苷酸磷酸，简称 $NADP^+$。

NAD^+ 和 $NADP^+$ 都是脱氢酶的辅酶，在代谢过程中起到传递氢的作用，它们与酶蛋白的结合比较松散，因此容易脱离酶蛋白而单独存在。NAD^+ 可作为醇脱氢酶、乳酸脱氢酶、苹果酸脱氢酶、3 – 磷酸甘油醛脱氢酶的辅酶。$NADP^+$ 可作为 6 – 磷酸葡萄糖脱氢酶、谷胱甘肽还原酶的辅酶。

维生素 B₅ 广泛存在于酵母、绿色蔬菜、肉类、谷物和花生中。此外，在体内色氨酸也可以转变为维生素 B₅，故人体一般不会缺乏。一旦人体长期缺乏维生素 B₅，就会出现癞皮病，表现为皮炎、腹泻和痴呆。

（五）维生素 B₆ 和磷酸吡哆素

维生素 B₆ 包括三种物质：吡哆醇、吡哆醛和吡哆胺，这三种物质在体内可以相互转化。在体内，维生素 B₆ 主要以磷酸吡哆醇、磷酸吡哆醛和磷酸吡哆胺形式存在。其中，磷酸吡哆醛和磷酸吡哆胺在氨基酸代谢中非常重要，是氨基酸转氨作用、脱羧作用及消旋作用的辅酶。

维生素 B₆ 分布广泛，在酵母、蛋黄、肝脏、谷类等中含量丰富，肠道细菌也可合成。缺乏维生素 B₆ 可产生呕吐、中枢神经兴奋、惊厥等症状。酗酒者和长期服用异烟肼的结核病患者最容易缺乏维生素 B₆。

（六）生物素

生物素是酵母的生长素，又称为维生素 B₇，或维生素 H。

生物素是多种羧化酶的辅酶，如丙酮酸羧化酶、乙酰辅酶 A 羧化酶等，生物素与酶蛋

白结合催化体内 CO_2 的固定及羧化反应，在糖代谢、脂代谢、氨基酸代谢过程中起到 CO_2 载体的作用。

生物素在自然界中存在广泛，肝脏和酵母中含量较为丰富。生鸡蛋蛋清中含一种抗生物素蛋白，能与生物素结合成一种无活性、人体不易吸收的结合蛋白，故长期食用生鸡蛋可引起生物素缺乏症，导致疲劳、食欲缺乏、四肢皮炎、肌肉疼痛等。此外，生物素对一些微生物如酵母菌、细菌的生长有强烈促进作用，所以发酵法生产抗生素时，培养基中常需加入生物素。

（七）叶酸与叶酸辅酶

叶酸是自然界广泛存在的维生素，因为在叶绿体中含量丰富，故名叶酸，亦称为蝶酰谷氨酸。在体内，作为辅酶的是四氢叶酸，它是一碳基团转移酶的辅酶，起着传递一碳基团的作用，参与体内重要物质（如嘌呤、嘧啶、甲硫氨酸、胆碱等）的合成，在核酸和氨基酸代谢中有重要作用。

叶酸广泛存在于青菜、肝脏和酵母中，人类肠道细菌也能合成叶酸，一般不易缺乏。但当怀孕时，由于叶酸需求增多，或肠道吸收不好，或长期服用抗生素等情况下可能会导致叶酸缺乏。

叶酸对于正常红细胞的形成有促进作用。当叶酸缺乏时，DNA 合成受阻，会在体内形成巨红细胞。大部分巨红细胞在成熟前就被破坏而造成贫血，称为巨幼红细胞性贫血。如果孕妇缺乏叶酸，可导致无脑儿或脊椎裂。

（八）维生素 B_{12} 与辅酶 B_{12}

维生素 B_{12} 又称抗恶性贫血维生素，因分子中含有金属元素钴，也称为钴胺素，是唯一含有金属元素的维生素。

维生素 B_{12} 在体内有两种活性形式：辅酶 B_{12} 和甲基钴胺素。辅酶 B_{12} 可以作为变位酶的辅酶参加一些异构化反应，而甲基钴胺素可参与生物合成的甲基化作用，因此维生素 B_{12} 对神经功能有特殊的重要性。

在自然界中，只有动物性食品才富含维生素 B_{12}，尤其是动物肝脏，其次为肉、蛋、奶类，此外发酵豆制品如腐乳等食物中也含有。人体肠道细菌也可以合成部分维生素 B_{12}，所以人体一般不缺。但有严重吸收障碍疾病的患者和长期素食者易发生维生素 B_{12} 缺乏症。

维生素 B_{12} 也参与体内一碳基团代谢，因此与叶酸的作用有时相互关联。缺乏维生素 B_{12} 可以引起巨幼红细胞性贫血症，从而继发神经系统受损、手足麻木等。

二、维生素 C

维生素 C 能防治坏血病，故又称为抗坏血酸。它具有酸性和强还原性，为高度的水溶性维生素。在体内，维生素 C 以还原型和氧化型两种形式存在，可以通过氧化还原反应互相转变。

维生素 C 广泛分布在新鲜的蔬菜和水果中，柑橘、猕猴桃、石榴、梨等水果中含量尤其丰富。人体不能合成维生素 C，必须从食物中摄取。

维生素 C 的生化功能可以通过它本身的氧化和还原作用实现，在生物氧化过程中作为氢的载体。维生素 C 是脯氨酸羟基化酶的辅酶，在胶原蛋白中含有较多的羟脯氨酸，所以维生素 C 还可以促进胶原蛋白的合成。已知许多含巯基的酶，在体内需要有自由的巯基才能发挥其催化活性，而抗坏血酸能使这些酶分子中的巯基处于还原状态，从而维持其催化活性。维生素 C 是机体内很好的抗氧化剂，具有清除自由基的强大功能。

知识拓展

维生素 C 可预防白内障

白内障是常见的致盲性眼疾，随着年龄增长，眼睛晶状体由于蛋白质变性而浑浊，影响视力。尽管现在已经可以通过手术来治疗白内障，但有些中老年人的白内障发现或治疗晚，仍严重影响视力。

英国伦敦大学国王学院研究人员最新研究发现，饮食中多摄入维生素 C 可以帮助控制白内障病程。"尽管不能完全阻止白内障发生，但简单地通过饮食调整多摄入维生素 C，就能推迟白内障发病，或显著阻止病程恶化。"这可能与维生素 C 的抗氧化能力有关。眼睛晶状体周围的液体中正常情况下维生素 C 含量较高，这可以帮助预防氧化作用发生。如果饮食中摄入更多维生素 C，也许能帮助提高晶状体周围液体中的维生素 C 水平，提供额外的防氧化保护。

维生素含量多多益善吗?

维生素是维持机体健康所必需的一类有机化合物。人体需要量很少（每日仅以 mg 或 μg 计），但缺乏时可引起代谢失调。体内不能合成或合成量严重不足，因此必须经常依赖食物供给。它既非构成机体的原材料，也不是能量来源，而是一类调节物质，在新陈代谢中期关键性的调节作用。维生素摄入是不是就多多益善吗?应如何科学把握维生素的摄入量呢?

对我们的启示是什么?

任何事情都具有两面性，任何时候我们应该科学、全面、整体、辩证看待事物。不要只见树木，不见森林，防止片面看待问题。

目标检测

一、选择题

1. 下列哪种维生素是辅酶 A 的前体? ( )

A. 核黄素

B. 泛酸

C. 钴胺素

D. 吡哆胺

2. 维生素 B_1 在体内的活性形式是（ ）。

A. TPP

B. 硫胺酸

C. 硫胺素焦磷酸酯

D. 辅酶 A

3. 缺乏维生素 D 会导致以下哪种病症发生？（ ）

A. 佝偻病

B. 呆小症

C. 痛风症

D. 夜盲症

4. 维生素 B_2 的活性形式是（ ）

A. 核黄素

B. FMN 和 FAD

C. NAD^+

D. $NADP^+$

5. 下列维生素中参与转氨基作用的是（ ）

A. 硫胺素

B. 尼克酸

C. 磷酸吡哆醛

D. 核黄素

二、简答题

1. 说明当维生素 A 缺乏时为什么会患夜盲症。

2. 叶酸缺乏时为什么会引起巨幼红细胞性贫血？

三、拓展题

1. 维生素 B_6 为什么能治疗小儿惊厥及妊娠呕吐？

2. 脚气病的发病机制是什么？

选择题答案

1	2	3	4	5
B	A	A	B	C

项目四　核　酸

思维导图

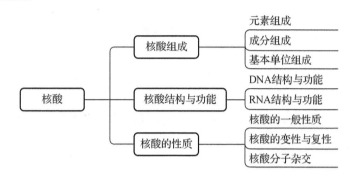

学习目标

知识目标

1. 掌握核酸的化学组成和分类、DNA 的分子结构和功能。

2. 比较两类核酸的元素组成、基本成分、基本单位。

3. 述说核酸的分子结构及功能。

4. 描述 DNA 双螺旋结构。

5. 列举核酸的理化性质，变性、复性及应用。

能力目标

1. 能够运用核酸相关知识解释生活的遗传现象。

2. 能够运用核酸相关知识解释遗传病的发病机制。

素质目标

1. 具备科学精神、工匠精神及尊重生命的职业素养。

2. 具备创新能力、问题求解能力、思维能力。

案例导入

2021 年 3 月 15 日上午，公安部在京召开新闻发布会，决定今年组织开展"团圆"行动，依托全国打拐 DNA 数据库，充分发挥科技的力量，积极开展"互联网＋反拐"工作，全力侦破拐卖儿童积案、全力缉捕拐卖犯罪嫌疑人、全面查找失踪被拐儿童。

问题思考：

1. 全国打拐为什么要建立 DNA 数据库？

2. 鉴定亲子关系用得最多的是什么方式？什么原因？

俗话说"种瓜得瓜，种豆得豆""一龙生九子，九子各不同"完美地诠释了什么是遗传与变异。那谁在亲代与子代之间传递着遗传信息？又是谁导致了亲代与子代之间产生了变异？那就是核酸。核酸是遗传物质，核酸有 DNA 和 RNA 两种，除少数病毒的遗传物质是RNA 外，其余的病毒及全部具有典型细胞结构的生物体，它们的遗传物质都是 DNA。DNA是主要的遗传物质。

任务一　核酸组成

一、元素组成

核酸的分子中有碳、氢、氧、氮、磷等元素组成。其中磷含量比较恒定，占 9%～10%。

二、成分组成

核酸是由戊糖、碱基、磷酸三种成分组成

1. 戊糖　组成核酸的戊糖有两种，分别为 β－D－核糖（ribose）和 β－D－2－脱氧核糖（deoxyribose）（图 4-1），对应的核酸分别为 RNA 和 DNA。核酸就是由于所含有的戊糖不同，才分为核糖核酸和脱氧核糖核酸。

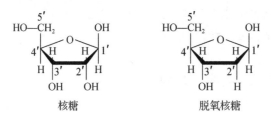

核糖　　　　　　　　　脱氧核糖

图 4-1　核糖和脱氧核糖

2. 碱基　构成核酸的碱基有嘧啶碱（pyrimidine）及嘌呤碱（purine）两类，嘧啶碱有胞嘧啶（cytosine，C）、胸腺嘧啶（thymine，T）和尿嘧啶（uarcil，U）三种；嘌呤碱有腺嘌呤（adenine，A）和鸟嘌呤（guarnine，G）两种（图 4-2）。其中 DNA 中有 A、G、C、T四种，RNA 中有 A、G、C、U 四种。

3. 磷酸　核酸分子中的磷酸是无机磷酸（H_3PO_4），H_3PO_4 在一定条件下可通过酯键同时连接 2 个核苷酸中的戊糖，使多个核苷酸连接成长链（图 4-3）。

三、基本单位组成

（一）基本单位组成

核酸（nucleic acid）分子（DNA 和 RNA）的基本单位是单核苷酸。每一个单核苷酸由磷酸、戊糖和碱基组成（图 4-4）。核酸的基本单位共有 8 种，其中 DNA 有 4 种，RNA 有 4种（表 4-1）。

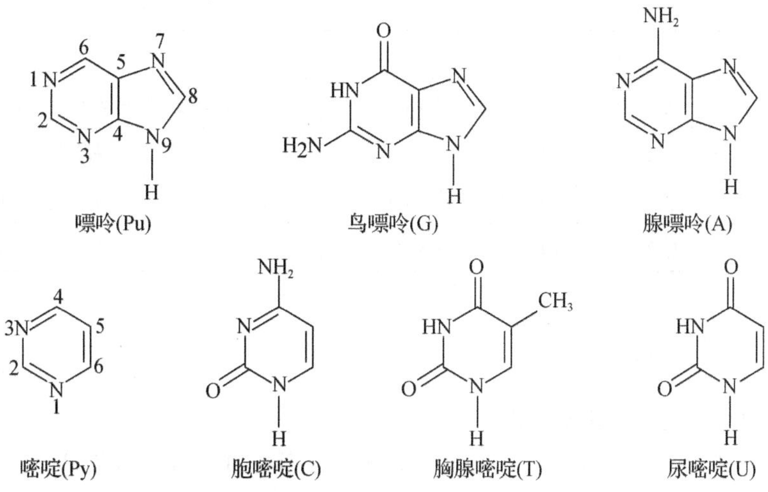

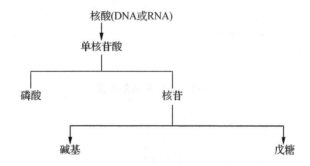

嘌呤(Pu)　　　　　鸟嘌呤(G)　　　　　腺嘌呤(A)

嘧啶(Py)　　　胞嘧啶(C)　　　胸腺嘧啶(T)　　　尿嘧啶(U)

图 4-2　核酸的五种碱基

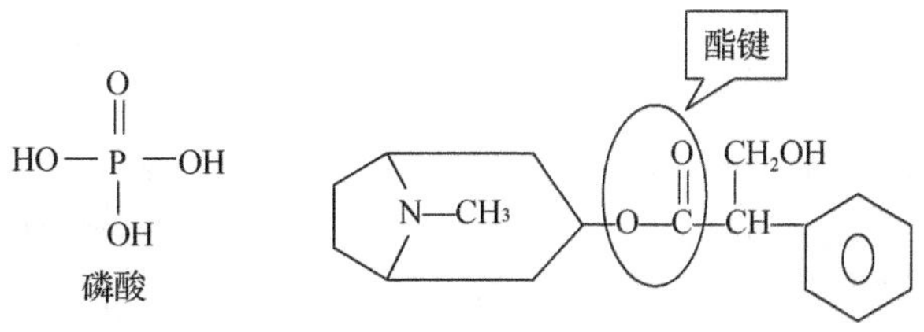

磷酸

酯键

图 4-3　磷酸和戊糖的连接

核酸(DNA或RNA)

单核苷酸

磷酸　　　　　核苷

碱基　　　　　　　戊糖

图 4-4　核酸的基本单位构成

表 4-1　核酸 8 种基本单位组成

组成		RNA	DNA
成分	磷酸	H_3PO_4	H_3PO_4
	戊糖	β-D-核糖	β-D-2′-脱氧核糖
	碱基	腺嘌呤（A）、鸟嘌呤（G） 胞嘧啶（C）、尿嘧啶（U）	腺嘌呤（A）、鸟嘌呤（G） 胞嘧啶（C）、胸腺嘧啶（T）

组成	RNA	DNA
基本单位	腺苷酸（一磷酸腺苷，AMP）	脱氧腺苷酸（一磷酸脱氧腺苷，dAMP）
	鸟苷酸（一磷酸鸟苷，GMP）	脱氧鸟苷酸（一磷酸脱氧鸟苷，dGMP）
	胞苷酸（一磷酸胞苷，CMP）	脱氧胞苷酸（一磷酸脱氧胞苷，dCMP）
	尿苷酸（一磷酸尿苷，UMP）	脱氧胸苷酸（一磷酸脱氧胸苷，dTMP）

（二）基本单位间的连接

核苷酸是通过 3′，5′-磷酸二酯键连接的，每个 3′，5′-磷酸二酯键由一个核苷酸糖残基上的 3′-羟基和另一个核苷酸糖残基上的 5′-磷酸基之间形成的（图4-5）。

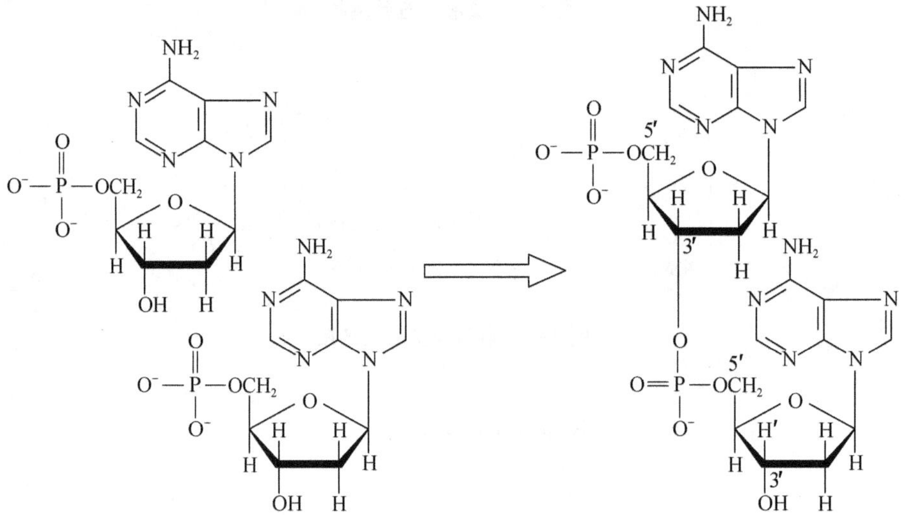

图4-5 单核苷酸的连接

（三）连接产物

很多核苷酸通过 3′，5′-磷酸二酯键相连形成一条链状结构，称为多核苷酸链，核酸是由一条或两条多核苷酸链构成，每条多核苷酸链的 2 个末端分别称为 3′末端和 5′末端（图4-6）。

任务二 核酸结构与功能

核酸是一个生物大分子，结构比较复杂，具有四级结构，包括平面结构与空间结构。

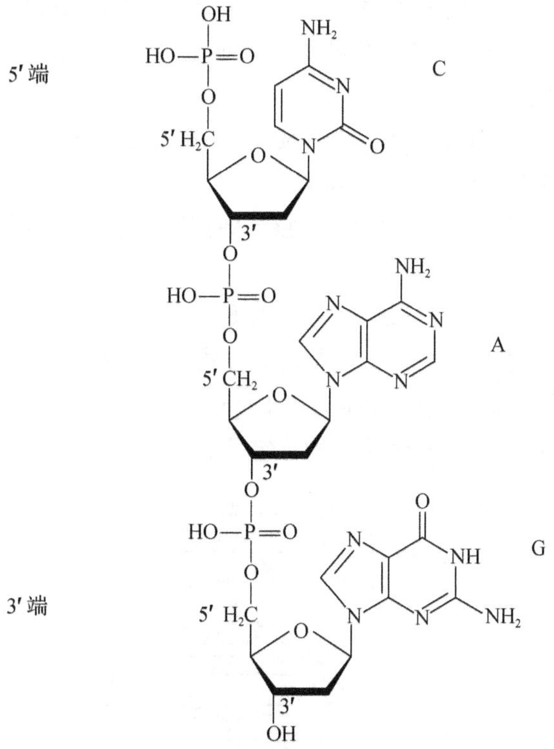

图 4-6　多核苷酸链结构图

一、DNA 结构与功能

（一）DNA 结构

1. 一级结构　一级结构又叫平面结构，是构成 DNA 分子中脱氧单核苷酸的种类、数量及排列顺序。由于每个脱氧单核苷酸的磷酸、戊糖都是一样的，因此一级结构也就是碱基的种类、数量及排列顺序。多核苷酸链的表示方式习惯上是从 5′末端到 3′末端（图 4-7）。

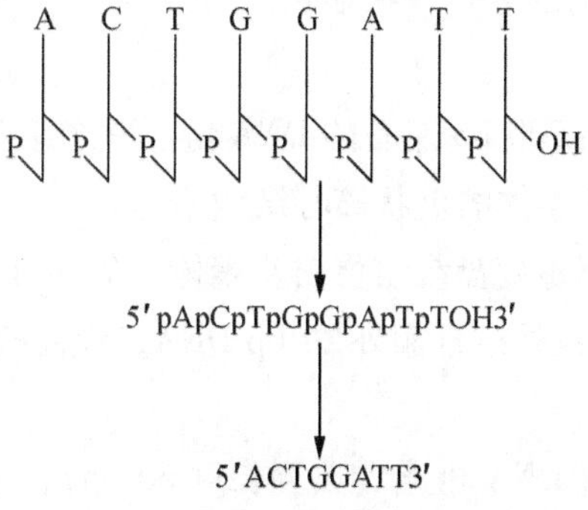

图 4-7　多核苷酸链简写方式

由于 DNA 分子量巨大，所以其碱基对的排列方式可以说是多种多样，因而 DNA 分子也是种类繁多。DNA 分子内蕴藏着生物界无穷无尽的遗传信息，决定了形形色色、千姿百态的生命自然界。

2. 二级结构　1953 年，Watson 和 Crick 提出了 DNA 分子的双螺旋结构模型（图 4-8），阐明了 DNA 空间结构的基本形式。要点如下。

（1）DNA 由两条始终反向平行的脱氧多核苷酸链围一个中心轴盘绕而成的双螺旋（doble helix）结构。

（2）磷酸、戊糖在链的外侧，碱基在链的内侧。

（3）两条链间的碱基能根据碱基互补配对的方式形成氢键（A＝T；G≡C）。

（4）每螺旋一圈需要 10 对 bp，螺距为 3.4 nm。

（5）氢键、碱基堆积力维持双螺旋结构稳定性。

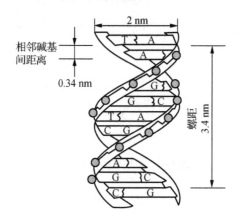

图 4-8　DNA 的双螺旋结构

3. 三级结构　DNA 在二级结构的基础上，在细胞内进一步盘绕折叠、压缩成致密的超螺旋结构是 DNA 三级结构的主要形式。

真核生物的 DNA 以高度有序的形式存在于细胞核内，在细胞周期的大部分时间里以松散的染色质形式出现，核小体是染色质（染色体）的基本组成单位（图 4-9），由 DNA 和组蛋白组成，是 DNA 三级结构的另外一种形式。

核小体的结构要点如下。

（1）每个核小体单位包括 200 bp 左右的 DNA 链、一个组蛋白八聚体及一分子 H_1。

（2）组蛋白八聚体构成核小体的盘状核心结构。

（3）46 bp 的 DNA 分子超螺旋盘绕组蛋白八聚体 1.75 圈。

（4）组蛋白 H_1 在核心颗粒外结合额外 20 bp DNA，锁住核小体 DNA 的进出端，起稳定核小体的作用。

（5）相邻核小体之间通过 DNA 相连（典型长度 60 bp），不同物种变化值为 0～80 bp。

4. 四级结构　超螺线管进一步螺旋折叠，形成长 2～10 μm 的染色单体，即染色质包装的四级结构。

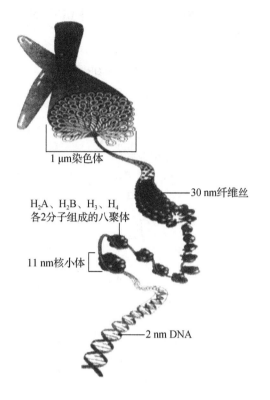

图4-9 真核生物核小体结构

（二）DNA 功能

1. 信息储存功能　DNA 分子中蕴藏着丰富的遗传信息，DNA 中千变万化的碱基排列顺序体现了 DNA 的多样性，特定的碱基排列顺序决定了 DNA 的特异性。

2. 自我复制功能　DNA 能以自身为模板，经碱基互补配对，准确、快速地进行复制。

3. 转录功能　以 DNA 分子中的一条链为模板，互补合成 RNA 的过程称为转录。

二、RNA 结构与功能

RNA 有三种，分别为 mRNA、tRNA、rRNA。

（一）RNA 结构

1. mRNA（信使 RNA）　信使 RNA 是由 DNA 的一条链作为模板转录而来的、是蛋白质合成的模板链，决定肽链的氨基酸排列顺序。mRNA 之所以能够作为蛋白质合成的模板链，是因为在 mRNA 每 3 个连续的核苷酸决定一个氨基酸，这 3 个相邻的碱基就叫一个遗传密码。遗传密码共有 64 组。

2. tRNA（转运 RNA）　转运 RNA 约含 70～100 个核苷酸残基，是分子量最小的 RNA，占 RNA 总量的 16%，现已发现有 100 多种。tRNA 的主要生物学功能是把活化的氨基酸转运到核蛋白体的特定部位，参与蛋白质的生物合成。各种 tRNA 的一级结构互不相同，但它们的二级结构都呈三叶草形（图 4-10）。

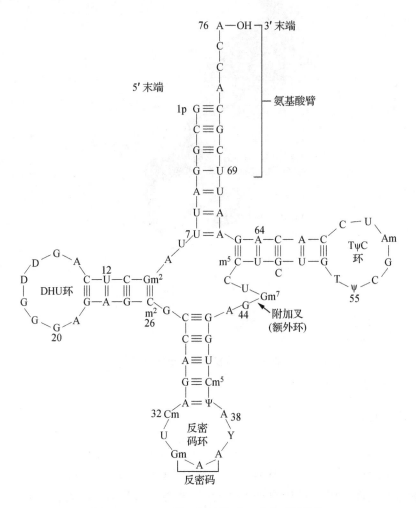

图 4-10 tRNA 的二级结构"三叶草形结构"

这种三叶草形结构的主要特征：含有 4 个螺旋区、3 个环和 1 个附加叉。4 个螺旋区构成 4 个臂，其中含有 3′- 羟基末端的螺旋区称为氨基酸臂，因为此臂的 3′- 羟基末端都是 C – C – A – OH 序列，可与氨基酸连接。3 个环分别用 Ⅰ 、Ⅱ 、Ⅲ 表示。环 Ⅰ 称为二氢尿嘧啶环（DHU 环）。环 Ⅱ 顶端含有由 3 个碱基组成的反密码子，称为反密码环；反密码子可识别 mRNA 分子上的密码子，在蛋白质生物合成中起重要的翻译作用。环Ⅲ称为 TψC 环。

tRNA 在二级结构的基础上进一步折叠成为倒 L 形的三级结构（图 4-11）。tRNA 共有 61 种，对应 61 种氨基酸的密码子（64 种密码子中，1 个是起始密码子，且是蛋氨酸的遗传密码；3 个是终止密码子，不对应任何氨基酸）。

3. rRNA（核糖体 RNA） rRNA 是细胞内含量最多的 RNA，是核糖体的组成成分，它和蛋白质共同组成了核糖体。而核糖体是蛋白质合成的场所。

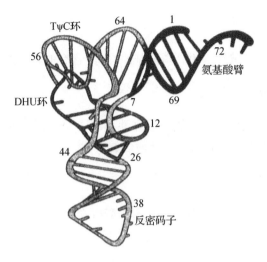

图 4-11 tRNA 的三级结构"倒 L 形结构"

（二）RNA 功能

RNA 总体功能是参与了蛋白质的合成。其中，mRNA（信使 RNA）是蛋白质合成的模板链，tRNA（转运 RNA）是转运工具，可以把特定的氨基酸转运到核糖体的特定位置，而 rRNA（核糖体 RNA）是蛋白质合成的场所（核糖体）的组成成分。三种 RNA 功能如图 4-12 所示。

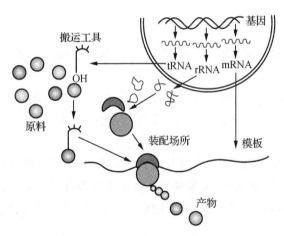

图 4-12 三种 RNA 功能图解

任务三 核酸的性质

一、核酸的一般性质

核酸是生物大分子，具有生物大分子的一般特性。

（一）酸性

核酸是两性电解质（含碱性基团、磷酸基团），因含有的磷酸酸性强，常表现为酸性。

（二）核酸溶液的黏度比较大

特别是 DNA，在水溶液中表现出极高的黏性。RNA 分子远远小于 DNA，所以黏度要小得多。核酸黏度降低或消失，即意味着变性或降解。

（三）DNA 分子易发生断裂

DNA 分子极易在机械力的作用下发生断裂，所以在提取细胞的基因组 DNA 时，要避免剧烈的振荡。

（四）核酸具有沉降特性

不同分子量和分子构象的核酸在超速离心机的强大引力场中，沉降的速率存在很大的差异，所以可以用超速离心法纯化核酸，分离不同构象的核酸，或者测定核酸的沉降系数和分子量。

二、核酸的变性与复性

（一）核酸的变性

核酸的变性是指核酸双螺旋的氢键断裂（不涉及共价键的断裂）双螺旋解开，形成无规则线团，使生物活性丧失。

对于 DNA 来说，发生变性时，DNA 双螺旋解体，变成两条单链，其核苷酸排序不变。加热、强酸、强碱使 pH 改变或有机溶剂、变性剂、射线、机械力等因素的影响均能使 DNA 变性。

DNA 变性后，由于双螺旋解体，碱基堆积已不存在，藏于螺旋内部的碱基暴露出来，这样就使得变性后的 DNA 对 260 nm 紫外光的吸光率比变性前明显升高（增加），这种现象称为增色效应（hyperchromic effect）。常用增色效应跟踪 DNA 的变性过程，了解 DNA 的变性程度。

（二）核酸的复性

变性 DNA 在适当条件下，两条彼此分开的链重新缔合（reassociation）成为双螺旋结构的过程称为复性（renaturation）。DNA 复性后，许多物化性质又得到恢复，生物活性也可以得到部分恢复。

三、核酸分子杂交

根据变性和复性的原理，将不同来源的 DNA 变性，若这些异源 DNA 之间在某些区域有相同的序列，则退火条件下能形成 DNA-DNA 异源双链，或将变性的单链 DNA 与 RNA 经复性处理形成 DNA-RNA 杂合双链，这种过程称为分子杂交（molecular hybridization）。核酸的杂交在分子生物学和分子遗传学的研究中应用极广，许多重大的分子遗传学问题都是用分子杂交来解决的。

知识拓展

DNA 分子双螺旋结构的发现

20 世纪 50 年代，世界上有 3 个小组正在进行 DNA 生物大分子的分析研究，他们分属于不同派别，竞争非常激烈。结构学派，主要以伦敦皇家学院的威尔金斯和富兰克林（R. Franklin）为代表；生物化学学派是以美国加州理工学院鲍林（L. G. Pauling）为代表；信息学派，则以剑桥大学的沃森和克里克为代表。

结构学派的威尔金斯是新西兰物理学家，他的贡献在于选择了 DNA 作为研究生物大分子的理想材料，并在方法上采取"X 射线衍射法"，获得了世界上第一张 DNA 纤维 X 射线衍射图，证明了 DNA 分子是单链螺旋的。

结构学派的另一位代表人物是富兰克林，她是一位具有卓越才能的英国女科学家。1952 年，她在 DNA 分子晶体结构研究上成功地制备了 DNA 样品，并通过 X 射线衍射拍摄到一张举世闻名的 B 型 DNA 的 X 射线衍射照片，由此推算 DNA 分子呈螺旋状，并定量测定了 DNA 螺旋体的直径和螺距；同时，她已认识到 DNA 分子不是单链，而是双链同轴排列的。

生物化学学派的代表鲍林是美国著名的化学家。致力于研究 DNA、蛋白质等生物大分子在细胞代谢和遗传中如何相互影响及化学结构。1951 年，根据结构化学的规律性，成功地建立了蛋白质的 α - 螺旋模型。

信息学派的沃森和克里克主要研究信息如何在有机体世代间传递及该信息如何被翻译成特定的生物分子。他们无论是在科学实验的经验，还是学术成就方面都无法与威尔金斯、富兰克林、鲍林相比，然而他们后来居上，在 18 个月的时间内创造了 DNA 分子的双螺旋模型，跃上 20 世纪的科学宝座，摘取"分子生物学"的桂冠，引领了半个世纪的风骚。究其根本原因是他们能采百家之长融为一体，引为己用。

目标检测

一、选择题

1. 核苷酸之间的连接方式是（ ）

A. 3′，5′-磷酸二酯键

B. 2′，3′-磷酸二酯键

C. 2′，5′-磷酸二酯键

D. 糖苷键

2. 下列关于双链 DNA 的碱基含量关系中，哪种是错误的？（ ）

A. A + G = C + T

B. A = T

C. A + T = G + C

D. C = G

3. DNA 双螺旋的稳定因素是（　）

A. 碱基间氢键

B. 磷酸二酯键

C. 磷酸残基的离子键

D. 疏水键

4. 核酸的基本组成单位是（　）

A. 戊糖和碱基

B. 戊糖和磷酸

C. 单核苷酸

D. 戊糖、碱基和磷酸

5. 下列哪种碱基只存在于 RNA 而不存在于 DNA 中？（　）

A. 腺嘌呤

B. 鸟嘌呤

C. 尿嘧啶

D. 胸腺嘧啶

二、简答题

1. 什么是 DNA 的双螺旋结构？

2. tRNA 的三叶草型结构有哪些特点？

三、拓展题

基因突变与遗传病的发病机制。

选择题答案

1	2	3	4	5
A	C	A	C	C

模块二　物质代谢

物质代谢是生命的基本特征。生命体内的物质代谢过程十分复杂，包含一系列相互联系的合成和分解的化学反应。一般说来由小分子物质合成大分子物质的反应称合成代谢，如由氨基酸合成大分子蛋白质的反应；由大分子物质分解成小分子物质的反应称分解代谢，如大分子糖原分解为小分子葡萄糖的反应。物质代谢常伴有能量转化，分解代谢常释放能量，合成代谢常消耗能量。本模块主要介绍糖、脂、蛋白质的代谢过程及调节。

项目五　生物氧化

思维导图

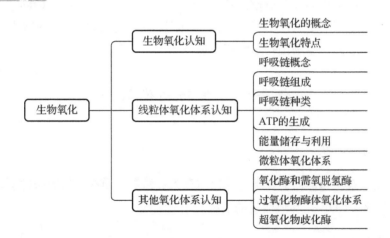

学习目标

知识目标

1. 掌握生物氧化的概念；氧化呼吸链的概念、组成、种类及其意义；氧化磷酸化的概念及影响因素。

2. 熟悉生物氧化的特点及意义；两条氧化呼吸链的排列方式；胞液中的 NADH 进入线粒体穿梭机制。

3. 了解生物氧化的酶类；线粒体外的氧化方式。

能力目标

1. 能够解释 CO 中毒的生化机制，以及抢救方法。
2. 能够结合生活实际说出 CO 中毒的预防措施。

素质目标

1. 具备科学精神、工匠精神及尊重生命的职业素养。
2. 具备创新能力、问题求解能力、思维能力。

案例导学

2013 年 2 月，位于北京市朝阳区一居民房内，5 名在某医院实习的学生，被发现死于屋内，他们均是某医科大学的学生，初步认定 5 人因 CO 中毒而亡。

问题思考：

1. 通过本节课的学习，你能解释 CO 使机体中毒的机制吗？

2. 作为未来的护理人员，你应该掌握哪些 CO 中毒的家庭救治方法？

3. 避免 CO 中毒日常生活中应该注意什么？

化学物质在生物体内的氧化分解过程称为生物氧化（biological oxidation）。线粒体内的生物氧化主要目的在于产生 ATP 及产生热量以维持体温。在真核生物细胞内，生物氧化都是在线粒体内进行，原核生物则在细胞膜上进行。

任务一　生物氧化认知

一、生物氧化的概念

生物氧化是指在生物体内糖、脂、蛋白质三大类营养物质在有氧的条件下，经彻底的氧化分解产生 CO_2 和 H_2O，并释放能量的过程。

二、生物氧化特点

生物氧化和有机物质体外燃烧在化学本质上是相同的，遵循氧化还原反应的一般规律，所耗的氧量、最终产物和释放的能量均相同。但有其自身特点。

1. 在活细胞内进行，pH 中性，有水参加，反应条件温和。
2. 有酶催化。
3. 氧化方式主要以脱氢、失电子为主。
4. 多步反应，能量逐步释放。
5. 生物氧化生成的 H_2O 是代谢物脱下的氢与氧结合产生。
6. 生物氧化中 CO_2 的生成来自于有机酸脱羧反应。

任务二 线粒体氧化体系认知

一、呼吸链概念

线粒体内膜上存在一系列具有递氢或递电子作用的酶和辅酶，它们按一定顺序排列，可将代谢物脱下的成对的氢原子（2H）通过连锁反应逐步传递，最终与被激活的氧结合生成水，并释放能量。这种在线粒体内膜上由递氢和递电子的酶和辅酶所构成的连锁反应体系，称为氧化呼吸链，又称电子传递链。

二、呼吸链组成

（一）NAD⁺（尼克酰胺腺嘌呤二核苷酸）或 NADP⁺（尼克酰胺腺嘌呤二核苷酸磷酸）

为体内很多脱氢酶的辅酶，分子中含尼克酰胺（维生素 PP）。当此类酶催化代谢物脱氢后，其辅酶 NAD^+ 或 $NADP^+$ 接受氢而被还原生成 $NADH + H^+$ 或 $NADPH + H^+$（图5-1）。

NAD^+ 的主要功能是接受从代谢物上脱下的 2H（$2H^+ + 2e^-$），然后传给另一传递体黄素蛋白。

呼吸链中的 NADH 和 NADPH 的区别：NADH 主要用于糖酵解和细胞呼吸作用中的柠檬酸循环。NADPH 主要在磷酸戊糖途径中产生，它主要用来合成核酸和脂肪酸。

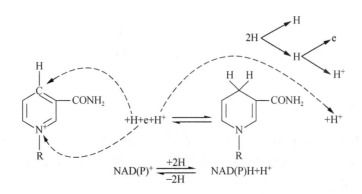

图5-1 NAD^+ 或 $NADP^+$ 氧化还原过程

（二）黄素蛋白（FP）

黄素蛋白（flavoproteins）种类很多，其辅基有两种，一种为黄素单核苷酸（FMN），另一种为黄素腺嘌呤二核苷酸（FAD），两者均含核黄素（维生素 B_2），是维生素 B_2（核黄素）在体内的活性形式，还原型为 $FMNH_2$ 和 $FADH_2$（图5-2）。

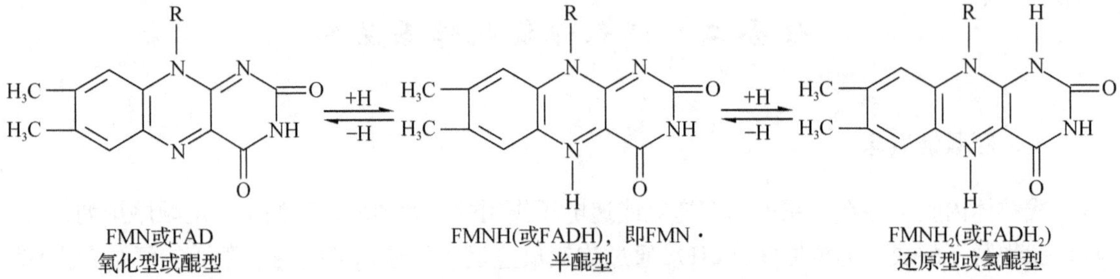

图5-2 FMN和FAD氧化还原过程

（三）铁硫蛋白

又称铁硫中心，其特点是含铁原子。铁硫蛋白中的铁可以呈两价（还原型），也可呈三价（氧化型），由于铁的氧化、还原而达到传递电子作用（图5-3）。

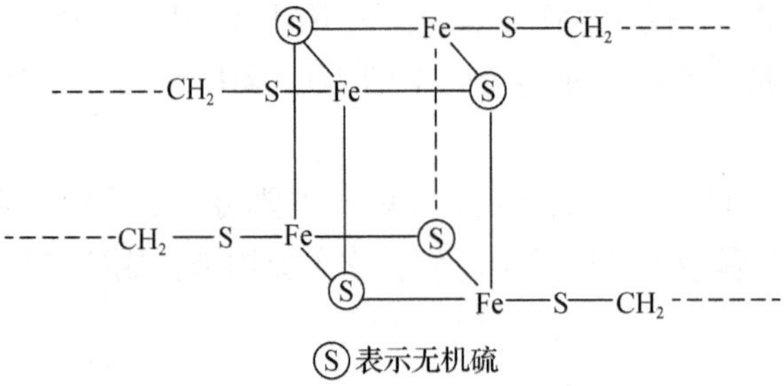

Ⓢ表示无机硫

图5-3 铁硫蛋白结构图解

（四）泛醌（辅酶Q）

泛醌亦称辅酶Q（coenzyme Q），为一种脂溶性苯醌。泛醌接受一个电子和一个质子还原成半醌，再接受一个电子和质子则还原成二氢泛醌（图5-4），后者又可脱去电子和质子而被氧化恢复为泛醌。

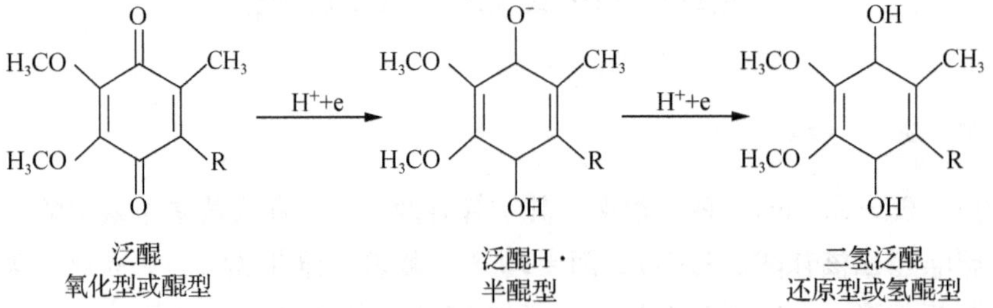

图5-4 泛醌氧化还原过程

（五）细胞色素类

细胞色素是一类含有铁卟啉辅基的色蛋白，属于递电子体。

呼吸链中至少有 5 种细胞色素：b、c_1、c、a、a_3（按电子传递顺序），其功能是将电子从辅酶 Q 传递到氧。细胞色素 a、a_3 以复合物细胞色素 aa_3 形式存在，又称细胞色素氧化酶，是最后一个载体，将电子直接传递给氧。细胞色素 c 结构见图 5-5。

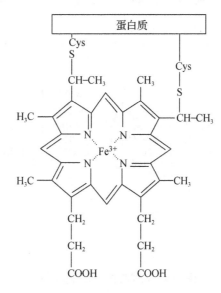

图 5-5　细胞色素 c 的结构

经实验证明，呼吸链的大部分组成成分在线粒体内形成复合酶体，只有少数游离存在。科学家通过实验将呼吸链拆成 4 种复合体（表 5-1）。这四种复合物的蛋白质主要包埋在线粒体的内膜内（图 5-6），在空间上具有一定的独立性，但相互之间又有紧密联系，共同完成 H^+ 的跨膜运输和电子的传递。

复合体 I 又称 NADH-泛醌还原酶，由以 FMN 为辅基的黄素蛋白和铁硫蛋白（Fe-S）组成。其功能是催化 NADH 上的 2 个电子传递给辅酶 Q，同时发生 H^+ 的跨膜运输。复合体 I 既是电子传递体，又是质子移位体。

复合体 II 又称琥珀酸-泛醌还原酶，由以 FAD 为辅基的黄素蛋白和铁硫蛋白组成。其功能是催化电子从琥珀酸通过 FAD 和铁硫蛋白传递到辅酶 Q。复合体 II 只能传递电子，而不能使质子跨膜运输。

复合体 III 又称泛醌-细胞色素 c 还原酶，由细胞色素 b、细胞色素 c_1 和铁硫蛋白组成，其功能是催化电子从辅酶 Q 转移给细胞色素 c，同时发生 H^+ 的跨膜移位。复合体 III 既是电子传递体，又是质子移位体。

复合体 IV 又称细胞色素 c 氧化酶，其主要组成部分是 Cyt aa_3，另外还含有铜离子。其功能是将电子从细胞色素 c 传递给氧，同时发生 H^+ 的跨膜移位。复合体 IV 既是电子传递体，又是质子移位体。

表 5-1　人线粒体呼吸链复合体组成成分

复合体	酶名称	多肽链数	辅基
复合体 I	NADH-泛醌还原酶	39	FMN, Fe-S
复合体 II	琥珀酸-泛醌还原酶	4	FAD, Fe-S
复合体 III	泛醌-细胞色素 c 还原酶	11	铁卟啉, Fe-S
复合体 IV	细胞色素 c 还原酶	13	铁卟啉, Cu

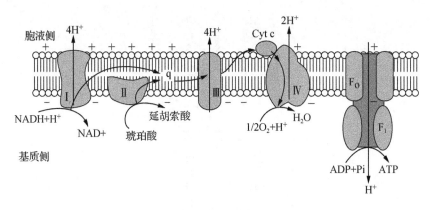

图 5-6　人线粒体呼吸链复合体

三、呼吸链种类

（一）NADH 氧化呼吸链

凡代谢物是由以 NAD^+ 为辅酶的脱氢酶所催化，其脱下的氢即进入此氧化呼吸链。生物氧化中绝大多数脱氢酶如乳酸脱氢酶、苹果酸脱氢酶等都是以 NAD^+ 为辅酶的。

NADH 氧化呼吸链传递氢和电子的顺序：$NADH+H^+$ 先将脱下的 2H 经复合体 I（FMN，Fe-S）传给 CoQ，再经复合体 III（Cyt b，Fe-S，Cyt c_1）传至 Cyt c，然后传至复合体 IV（Cyt a，Cyt a_3），最后将 2e 交给 O_2。即电子传递的顺序：Cyt（b→c_1→c→aa_3）→O_2（图 5-7）。

呼吸链磷酸化的全过程可用下述方程式表示：

$$NADH+H^+ +3ADP+3Pi+\frac{1}{2}O_2 \longrightarrow NAD^+ +3ATP+4H_2O$$

（二）$FADH_2$（琥珀酸）氧化呼吸链

凡代谢物是由以 FAD 为辅酶的脱氢酶所催化，其脱下的氢即进入此氧化呼吸链。生物氧化中以 FAD 为辅酶的脱氢酶只有琥珀酸脱氢酶、α-磷酸甘油脱氢酶、脂酰 CoA 脱氢酶等几种。

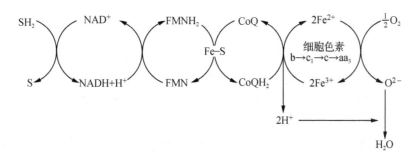

图 5-7　NADH 氧化呼吸链图解

$FADH_2$ 氧化呼吸链传递氢和电子的顺序与 NADH 氧化呼吸链不同：代谢物脱下的2H 是由复合体Ⅱ（FAD，Fe-S）传给 CoQ，再由 CoQ 往下传递，直至最后将2e 交给 O_2。两条呼吸链的汇合点在 CoQ 上（图 5-8）。

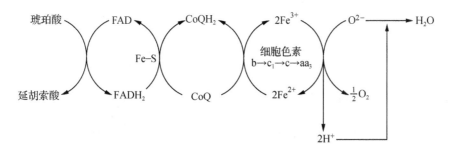

图 5-8　$FADH_2$ 氧化呼吸链图解

呼吸链磷酸化的全过程可用下述方程式表示：

$$FADH_2 + 2ADP + 2Pi + \frac{1}{2}O_2 \longrightarrow FAD + 2ATP + 3H_2O$$

四、ATP 的生成

（一）底物水平磷酸化

直接将高能代谢产物的能量转移至 ADP 并生成 ATP 的过程，称为底物水平磷酸化。

代谢物在体内脱氢或脱水的过程中，有时会引起分子内部的电子重排和能量重新分布，形成一个高能磷酸键或高能硫脂键。含有高能键的代谢物在激酶的作用下，将此高能键直接转移到 ADP（或 GDP）生成 ATP（或 GTP）。底物水平磷酸化主要出现在糖的分解代谢中，如：

$$甘油酸-1,3-二磷酸 + ADP \xrightarrow{\text{甘油酸-3-磷酸激酶}} 甘油酸-3-磷酸 + ATP$$

$$磷酸烯醇丙酮酸 + ADP \xrightarrow{\text{甘油酸-3-磷酸激酶}} 烯醇式丙酮酸 + ATP$$

$$琥珀酸单酰 CoA + GDP + Pi \xrightarrow{\text{硫激酶}} 琥珀酸 + GTP + CoA$$

（二）氧化磷酸化

1. 概念 底物水平磷酸化提供的 ATP 较少，在机体能量供应中占主要地位的是氧化磷酸化。在线粒体呼吸链中电子传递过程中逐步氧化伴随着能量的逐步释放，此间能量驱动 ADP 磷酸化生成 ATP，该氧化过程与磷酸化过程相偶联，故称氧化磷酸化（oxidative phosphorylation）。

2. 氧化磷酸化偶联部位 实验证明，在氧化磷酸化消耗氧气的同时也消耗磷酸。每消耗 1 mol 氧原子所消耗的无机磷酸的 mol 数称过 P/O 比值。由于无机磷酸的消耗伴随着 ATP 的生成，故从 P/O 比值可了解每消耗 1 mol 氧原子所生成的 ATP 数。

现已测知多数代谢物的氧化通过 NADH 呼吸链，P/O 比值接近 3，即通过 NADH 呼吸链传递 2H 可生成 3 分子 ATP，通过 $FADH_2$ 氧化磷酸化 P/O 比值接近 2，即 $FADH_2$ 通过呼吸链传递 2H 可生成 2 分子 ATP。这是因为在 NADH 呼吸链有 3 个偶联部位，$FADH_2$ 呼吸链有 2 个偶联部位（图 5-9）。

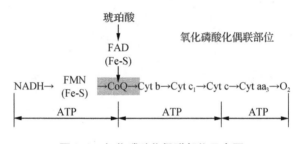

图 5-9 氧化磷酸化偶联部位示意图

3. 氧化磷酸化偶联机制 1961 年，英国学者 P. Mitchell 提出的化学渗透假说阐明了氧化磷酸化的偶联机制。化学渗透假说的基本要点是电子经呼吸链传递时，驱动质子从线粒体内膜的基质侧转移到内膜胞质侧，形成跨线粒体内膜的质子电化学梯度，以此储存能量。当质子顺浓度梯度回流基质时驱动 ADP 与 Pi 生成 ATP。

能量转换机制一直是生物能学研究中的一个中心问题。英国 Mitchell 提出的化学渗透假说从六十年代后期以来，获得了大量实验的支持，始终是比较流行的一种假说，从而使他荣获 1978 年诺贝尔化学奖。

4. 影响氧化磷酸化因素

（1）抑制剂

①阻断剂：此类抑制剂能阻断呼吸链某一部位电子传递，由于电子传递受阻引起氧化磷酸化无法进行。比如：鱼藤酮、粉蝶霉素 A 及异戊巴比妥等与复合体 I 中的铁硫蛋白结合，从而阻断电子传递。抗霉素 A、二巯基丙醇抑制复合体 III 中 Cytb 与 Cyt c_1 间电子传递，氰化物、CO、CN^-、N_3^- 及 H_2S 抑制细胞色素氧化酶，使电子不能传递给 O_2（图 5-10）。

对电子传递及 ADP 磷酸化均有抑制作用的物质称氧化磷酸化抑制剂，如寡霉素。

视频 5 CO 中毒生化机理分析

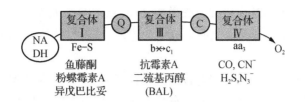

图 5-10 氧化磷酸化系统阻断剂的影响

②解偶联剂：2，4-二硝基苯酚（DNP）可解除氧化和磷酸化的偶联过程，是常见解偶联剂，使电子传递照常进行而不生成 ATP，电子传递产生的能量以热能形式散发。

（2）ADP 的调节作用：正常机体氧化磷酸化的速率主要受 ADP 水平的调节，随着 ADP 的浓度下降，氧化磷酸化速度加快，ATP 浓度的升高，氧化磷酸化速度减慢。这种调节作用可使 ATP 的生成速度适应生理需要。

（3）甲状腺激素：甲状腺激素能诱导细胞膜上 Na^+-K^+-ATP 酶的生成，使 ATP 水解增加，因而使 ATP/ADP 比值下降，氧化磷酸化速度加快。此外，甲状腺激素（T_3）还可使解偶联蛋白基因表达增强，引起耗氧和产热均增加，因此甲状腺功能亢进症患者基础代谢率增高。

知识拓展

氰化物中毒

氰化物属剧毒品，动物的致死量只有几毫克。人若食入过多含氰化物的植物或中药（如苦杏仁、银杏等）或在氰化氢污染环境中长时间工作（如电镀、炼金、热处理等工种），均可造成中毒。临床表现为头痛、乏力、心悸，重者出现呼吸、心力衰竭和昏迷、死亡。抢救氰化物中毒，用亚硝酸异戊酯或亚硝酸钠，使血红蛋白氧化成高铁血红蛋白，竞争细胞色素氧化酶结合的 CN^-，转变为氰化高铁血红蛋白，细胞色素氧化酶活性恢复。但氰化高铁血红蛋白不稳定，还可释放 CN^-。因此，再用硫代硫酸钠与解离的 CN^- 反应，生成毒性较小的硫氰酸盐随尿排出体外。

五、能量储存与利用

生物氧化过程中释放的能量大约有 40% 以化学能的形式储存于 ATP 分子中。一方面 ATP 所含有的高能磷酸键是体内绝大多数需能反应的能量直接供应者；另一方面为糖原、磷脂、蛋白质合成提供能量的 UTP、CTP、GTP 因不能从物质氧化过程中直接生成，只能在二磷酸核苷激酶的催化下，从 ATP 中获得 ~P。故 ATP 又是糖原、磷脂、蛋白质合成过程中的能量间接供应者。

$$ATP + UDP \longrightarrow ADP + UTP$$
$$ATP + CDP \longrightarrow ADP + CTP$$
$$ATP + GDP \longrightarrow ADP + GTP$$

当体内的能量供大于求时，磷酸肌酸激酶（CK 或 CPK）可催化 ATP 将其所含有的 ~P 转移给肌酸生成磷酸肌酸（creatine phosphate，CP），后者作为肌肉和脑组织中能量的一种贮存形式。

人体内能量的生成、转移与利用都以 ATP 为中心，ATP 作为细胞的主要供能物质参与体内的许多代谢反应，体内有些物质的合成代谢不直接利用 ATP 供能（图 5-11）。

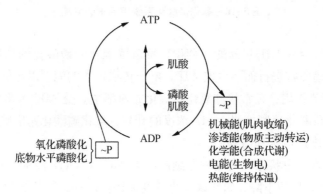

图 5-11　体内能量的释放、储存、转移和利用

任务三　其他氧化体系认知

非线粒体生物氧化体系的生物氧化反应过程与 ATP 的生成无关，其主要生理功能是参与非营养性物质的代谢转化。

一、微粒体氧化体系

（一）加单氧酶系

微粒体氧化体系存在于肝、肾、肠黏膜和肺等组织细胞的微粒体中，它是需细胞色素 P_{450} 的氧化酶系，能直接激活分子氧，使一个氧原子加到作用物分子上，故称为加单氧酶系。由于在反应中一个氧原子掺入底物中，而一个氧原子使 NADPH 氧化而生成水，即一种氧分子发挥了两种功能，故又称混合功能氧化酶，亦可称为羟化酶。加单氧酶系的特异性较差，可催化多种有机物质进行不同类型的氧化反应。

$$NADPH + H^+ + O_2 + RH \longrightarrow NADP^+ + H_2O + ROH$$

（二）加单氧酶系的生理意义

加单氧酶系的生理意义是参与药物和毒物的转化，经羟化作用后可加强药物或毒物的水溶性有利于排泄。

甲苯为常用的化工原料，进入人体后，在肝脏经加氧羟化可生成对甲酸，极性增强，易于排出体外。

二、氧化酶和需氧脱氢酶

呼吸链中的脱氢酶大多以某些辅酶（基）作为直接受氢体，故属于不需氧脱氢酶。如果体内某些物质脱下的氢直接以氧作为受氢体，则催化这类反应的酶称为需氧脱氢酶或氧化酶。

氧化酶是一类以金属离子（如 Cu^{2+}、Fe^{2+} 等）为辅基的结合酶。它可直接利用氧为受氢体催化底物氧化，产物为 H_2O，属于这类氧化酶有细胞色素 C 氧化酶、抗坏血酸氧化酶等。

需氧脱氢酶是以 FMN 或 FAD 为辅基的一类黄素蛋白。它可以催化底物脱氢并以氧为受氢体，但其反应产物是过氧化氢，而不是 H_2O。如 L－氨基酸氧化酶、黄嘌呤氧化酶等。

三、过氧化物酶体氧化体系

过氧化物酶体氧化体系普遍存在于真核生物的各类细胞中，在肝细胞和肾细胞中数量特别多。

过氧化物酶体含有丰富的酶类，主要是氧化酶、过氧化氢酶和过氧化物酶。

四、超氧化物歧化酶

超氧化物歧化酶（SOD）是体内重要的自由基—超氧自由基的天然清除剂，是免除自由基损伤的主要防御酶。

通常认为超氧化物是还原物质的自动氧化或放射线照射的氧分子所生成的，是一种极不稳定的、反应性极强的物质，可以保护生物组织免受放射性伤害。这种酶存在于所有的好氧性生物中，在厌氧性生物中未被发现。

目标检测

一、选择题

1. 以下不属于生物氧化的特点的是（ ）

A. 生物氧化的方式以代谢物脱氢为主

B. CO_2 通过有机酸脱羧基产生

C. CO_2 的生成是碳和氧的直接化合

D. H_2O 是由呼吸链传递氢给氧生成

2. 两条呼吸链的交叉点是（ ）

A. FAD

B. 铁硫蛋白

C. 辅酶 Q

D. 细胞色素

3. 氧化磷酸化发生的部位是（ ）

A. 细胞液

B. 线粒体

C. 微粒体

D. 溶酶体

4. 生物体内的主要供能物质是（　　）

A. ADP

B. ATP

C. NADH

D. GTP

5. CO 是呼吸链的（　　）

A. 解偶联剂

B. 抑制剂

C. 氧化磷酸化抑制剂

D. 激活剂

二、简答题

1. 线粒体内重要的呼吸链有哪两条？它们的传递顺序如何？与 ATP 的生成有何关系？

2. 生物氧化过程中 CO_2 是怎样生成的？生成方式有哪几种？

3. 说出氧化磷酸化的 3 个偶联部位。

4. ATP 的生成方式有哪几种？哪种生成方式最为主要？

5. 能量直接供应者、储存者分别是什么？

三、拓展题

1. 扮演护士，向患者解释 CO 中毒的生化机制，就"CO 中毒的预防及家庭急救方法"向人群进行健康教育。

2. 生活中我们都有这样的常识：一次性大量食用苦杏仁容易造成食物中毒，结合本节课所学内容思考其中的生化机制是什么？

选择题答案

1	2	3	4	5
C	C	B	B	C

项目六 糖代谢

思维导图

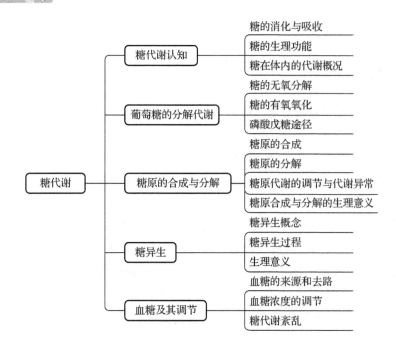

案例导学

患者，男性，60 岁，因"多饮，多尿，多食，体重下降伴乏力一月余，四肢无力 10 余天"入院。一个月前开始逐渐出现明显的口干，多饮，多尿（3000 ~ 4000 mL/d），夜尿每晚约 4 次，食量较前增加，同时体重明显下降约 5 kg。近 10 余天来，患者上述症状明显加重，且出现四肢软弱无力。门诊就诊查空腹血糖 13.3 mmol/L，拟诊"2 型糖尿病"收入院。

问题思考：

1. 患者为什么出现多饮、多食、多尿、体重减轻（三多一少）和乏力症状？

2. 什么原因引起糖尿病？

3. 给予胰岛素治疗后症状好转，胰岛素是如何调节血糖水平的？

糖是自然界一大类有机化合物，其化学本质是多羟基醛或多羟基酮及其衍生物或多聚物。糖的基本结构式是（CH_2O）$_n$，故也称之为碳水化合物。糖是人体能量的主要来源之一，人体每日摄入的糖比蛋白质、脂肪多，占到食物总量的 50% 以上，以葡萄糖为主提供机体各种组织能量。

糖代谢主要指糖在体内的分解代谢和合成代谢。糖的分解代谢是指大分子糖经消化成小分子单糖（主要是葡萄糖），吸收后进一步氧化，同时释放能量的过程。而糖的合成代谢是指体内小分子物质转变成糖的过程。本模块从糖的基本知识入手，讨论糖在体内的分解代谢、糖原的合成与分解、糖异生作用、血糖及糖代谢调节等问题。

任务一　糖代谢认知

一、糖的消化与吸收

食物中的糖主要以淀粉（多糖）为主，还有一些双糖及单糖，食物中的单糖可以直接被机体吸收，但多糖和双糖则必须经过酶水解成单糖才能被吸收。

唾液中存在 α - 淀粉酶，可以催化淀粉中 α - 1，4 - 糖苷键水解，生成葡萄糖、麦芽糖、麦芽寡糖及糊精。食物在口腔中停留的时间短，淀粉的主要消化部位是小肠。淀粉在小肠中最终被分解成葡萄糖，葡萄糖经小肠上皮细胞进入血液，参与代谢，为机体供能。小肠上皮细胞摄取葡萄糖是一个依赖 Na^+ 耗能的主动过程。

二、糖的生理功能

1. 氧化供能　人体每日所需的能量 50% ~ 70% 来自糖的氧化分解。

2. 提供合成原料　糖分解代谢的中间产物可作为合成其他物质的原料。

3. 参与构建组织细胞　如糖蛋白和糖脂是构成细胞膜的重要成分。

4. 其他功能　参与构成体内某些具有特殊功能的物质，如某些激素。

三、糖在体内的代谢概况

糖代谢主要是指葡萄糖在体内的一系列复杂的化学反应。不同生理条件下，葡萄糖在组织细胞内代谢途径不同（图6-1）。糖代谢途径有：①在氧供应充足时，葡萄糖进行有氧氧化，彻底氧化生成 CO_2 和 H_2O，并释放大量能量；②在缺氧时，进行糖酵解生成乳酸及产生少量的能量；③经磷酸戊糖途径生成 5 – 磷酸核糖和 NADPH；④糖原（肝糖原、肌糖原）的合成与分解；⑤非糖物质如甘油、乳酸、丙酮酸、生糖氨基酸等经糖异生作用转变为葡萄糖或糖原。

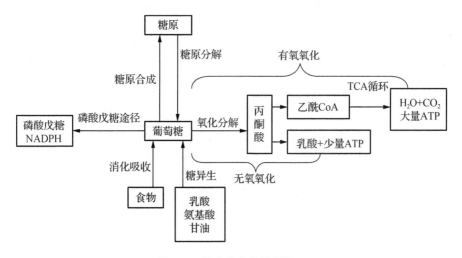

图6-1 糖在体内的代谢概况

任务二 葡萄糖的分解代谢

葡萄糖进入组织细胞后，根据机体生理需要在不同组织间进行分解代谢，按其反应条件和途径不同分解代谢可分三种：糖的无氧分解、有氧氧化和磷酸戊糖途径。

一、糖的无氧分解

（一）概念

机体在无氧或缺氧条件下，葡萄糖或糖原分解产生乳酸（lactate），并产生少量能量的过程称为糖的无氧分解，由于此中间代谢过程与酵母菌的乙醇发酵过程大致相同，因此又称为糖酵解途径（glycolytic pathway）。糖酵解由 Embden、Meyerhof、Parnas 三人首先提出，故又称为 EMP 途径。反应过程在胞液中进行。

（二）反应过程

1. 葡萄糖磷酸化成为 6 – 磷酸葡萄糖（G-6-P）　葡萄糖进入细胞后在己糖激酶或葡萄糖激酶（只存在于肝脏）催化下，由 ATP 提供能量和磷酸基团，磷酸化生成 6 – 磷酸葡萄糖，此反应不可逆，消耗 ATP。

如从糖原开始，糖原在糖原磷酸化酶的作用下，生成 1 - 磷酸葡萄糖，再经变位酶的作用下生成 6 - 磷酸葡萄糖，没有消耗 ATP。

视频 6　糖酵解过程

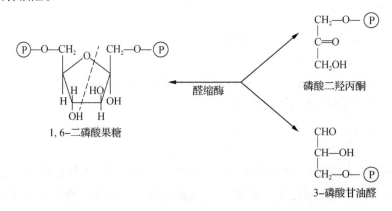

葡萄糖　　　　　　　　　　　　　　　6-磷酸葡萄糖

2. 6 - 磷酸葡萄糖转化为 6 - 磷酸果糖（F-6-P）　此反应在磷酸己糖异构酶催化下进行，为可逆反应，需要 Mg^{2+} 参与。

6-磷酸葡萄糖　　　　　　　　　　　　　　6-磷酸果糖

3. 1，6 - 二磷酸果糖（F-1，6-BP 或 FDP）的生成　此反应不可逆，消耗 ATP，需要 ATP 和 Mg^{2+} 参与，由磷酸果糖激酶催化，是糖酵解途径中最重要的限速酶。此酶为变构酶，受多种代谢物的变构调节。

6-磷酸果糖　　　　　　　　　　　　　　1，6-二磷酸果糖

4. 磷酸丙糖的生成　在醛缩酶作用下，1，6 - 二磷酸果糖裂解为 3 - 磷酸甘油醛和磷酸二羟丙酮，两者互为异构体，在磷酸丙糖异构酶作用下可相互转变。当 3 - 磷酸甘油醛继续反应时，磷酸二羟丙酮可不断转变为 3 - 磷酸甘油醛，这样 1 分子 1，6 - 二磷酸果糖生成 2 分子 3 - 磷酸甘油醛。

1，6-二磷酸果糖　　　　　　　　　磷酸二羟丙酮

3-磷酸甘油醛

5. 3 - 磷酸甘油醛的氧化　在 3 - 磷酸甘油醛脱氢酶催化下，3 - 磷酸甘油醛脱氢生成高能磷酸化合物 1，3 - 二磷酸甘油酸，脱下的氢被 NAD^+ 接受，还原为 $NADH + H^+$。这是糖酵解中唯一的氧化反应。

6. 1，3 - 二磷酸甘油酸转变为 3 - 磷酸甘油酸　1，3 - 二磷酸甘油酸在磷酸甘油酸激酶催化下，将高能磷酸基团转移给 ADP，使之生成 ATP，其本身转变为 3 - 磷酸甘油酸。这种生成 ATP 的方式称为底物磷酸化。此反应是糖酵解途径中第一次生成 ATP 的反应。

7. 3 - 磷酸甘油酸转变为 2 - 磷酸甘油酸　在磷酸甘油酸变位酶的作用下，3 - 磷酸甘油酸 C_3 位上的磷酸基转移到 C_2 位上，生成 2 - 磷酸甘油酸。

8. 磷酸烯醇式丙酮酸的生成　2 - 磷酸甘油酸经烯醇化酶的作用脱水，分子内部能量重新分布，生成高能磷酸化合物磷酸烯醇式丙酮酸（phosphoenolpyruvate，PEP）。

9. 丙酮酸的生成　磷酸烯醇式丙酮酸释放高能磷酸基团以生成 ATP，自身转变为烯醇式丙酮酸（pyruvate），并自动变为丙酮酸（pyruvate）。此为不可逆反应，由丙酮酸激酶（pyruvatekinase，PK）所催化。此反应是糖酵解途径中第二次底物磷酸化生成 ATP 的反应。丙酮酸激酶是糖酵解途径中的最后一个关键酶。

10. **丙酮酸还原生成乳酸** 丙酮酸在无氧条件下加氢还原为乳酸。丙酮酸在乳酸脱氢酶 (lactate dehydrogenase，LD 或 LDH) 的催化下，接受由 NADH + H$^+$ 提供的氢原子，还原成为乳酸。使糖酵解途径中生成的 NADH 重新转变成 NAD$^+$，使糖酵解过程得以继续运行。

综上所述，糖酵解过程的总反应式为：葡萄糖 + 2Pi → 2 乳酸 + 2ATP + 2H$_2$O

（三）反应特点

1. 糖酵解反应的全过程没有氧的参与，但有氧化反应（图6-2）。

2. 糖酵解过程可产生少量能量，产能方式为底物水平的磷酸化。

1 分子葡萄糖氧化为 2 分子丙酮酸，可净产生 2 分子 ATP。若从糖原开始，糖原中的一个葡萄糖单位通过糖酵解，则净产生 3 分子 ATP。

3. 糖酵解反应过程中有三步不可逆反应，已糖激酶（葡萄糖激酶）、6 - 磷酸果糖激酶和丙酮酸激酶催化的反应是不可逆的，是糖无氧分解的关键酶。其中 6 - 磷酸果糖激酶是最重要的限速酶。

4. 红细胞糖酵解存在 2，3 - 二磷酸甘油酸（2，3-BPG）支路（图6-3）。

红细胞中磷酸甘油酸激酶活性远低于磷酸甘油酸变位酶，使 2，3-BPG 的生成大于分解，因而红细胞中 2，3-BPG 的浓度始终处于高浓度状态，2，3-BPG 能特异地与脱氧血红蛋白结合，使脱氧血红蛋白的空间构象稳定，从而减低血红蛋白对氧的亲和力，促使 O$_2$ 和血红蛋白解离。尤其当血液通过组织时，红细胞中 2，3-DPG 的存在就能显著增加 O$_2$ 的释放以供组织需要。另外，有肺部换气障碍的严重阻塞性肺气肿的患者和正常人在短时间内由海平面上升至高海拔处或高空时，可通过红细胞中 2，3-DPG 浓度的改变来调节组织获 O$_2$ 量。

（四）生理意义

1. **糖酵解是机体在缺氧情况下快速供能的重要方式** 在生理条件下，如剧烈运动时，肌肉仍处于相对缺氧状态，必须通过糖酵解提供急需的能量。在病理性缺氧情况下，如心肺疾病、呼吸受阻、严重贫血、大量失血等造成机体缺氧时，也可通过加强糖酵解以满足机体能量需求。如机体相对缺氧时间较长，而导致糖酵解终产物（乳酸）堆积，可引起代谢性酸中毒。

2. **糖酵解是成熟红细胞的主要供能途径** 成熟红细胞没有线粒体，不能进行糖的有氧分解，主要依赖糖酵解供能。血循环中的红细胞每天大约分解 30 g 葡萄糖，其中经糖酵解途径代谢的占 90%～95%、磷酸戊糖途径代谢的占 5%～10%。

3. **糖酵解是某些组织生理情况下的供能途径** 视网膜、睾丸、神经髓质和皮肤等少数

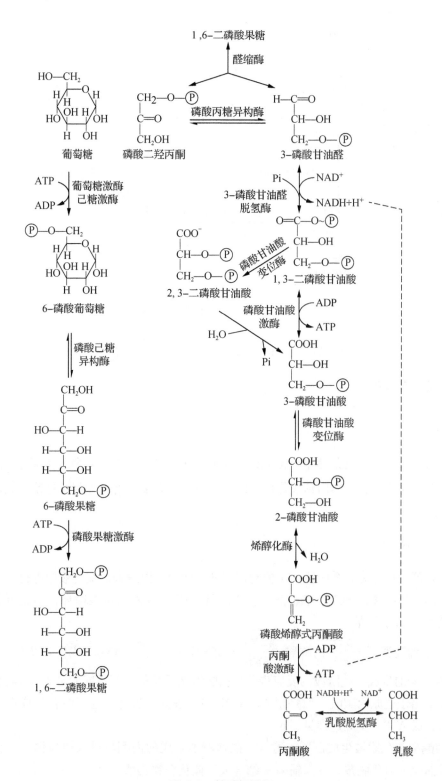

图 6-2　糖酵解过程

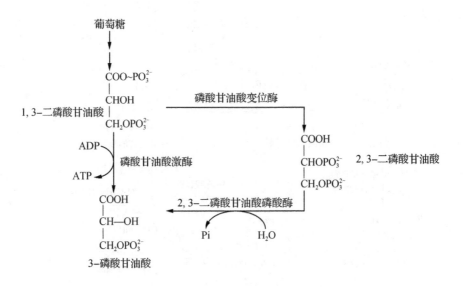

图 6-3　2，3－二磷酸甘油酸支路

组织即使在机体供氧充足的情况下，仍以糖酵解为主要供能途径。

二、糖的有氧氧化

（一）概念

葡萄糖或糖原在有氧条件下，彻底氧化分解生成 CO_2 和 H_2O 并释放大量能量的过程，称为糖的有氧氧化。它是体内糖氧化供能的主要途径。大多数组织细胞通过糖有氧氧化获得能量。

（二）反应过程

糖的有氧氧化分为 3 个阶段：①葡萄糖或糖原转变为丙酮酸，在胞液中进行。②丙酮酸进入线粒体氧化脱羧，生成乙酰辅酶 A。③乙酰辅酶 A 进入三羧酸循环，彻底氧化为 CO_2 和 H_2O 并释放大量能量。

$$葡萄糖 \xrightarrow[胞液]{第一阶段} 丙酮酸 \xrightarrow[线粒体]{第二阶段} 乙酰 CoA \xrightarrow[线粒体]{第三阶段} CO_2 + H_2O + ATP$$

1. 丙酮酸的生成　此阶段的反应步骤与糖酵解途径相似，所不同的是 3－磷酸甘油醛脱下的氢并不用于还原丙酮酸，而是生成 $NADH + H^+$ 进入呼吸链，与氧结合生成水，同时释放能量以合成 ATP，反应过程见图 6-4。

2. 丙酮酸氧化脱羧生成乙酰辅酶 A　在胞液中生成的丙酮酸进入线粒体内，在丙酮酸脱氢酶系催化下氧化脱羧，并与辅酶 A 结合成高能化合物乙酰 CoA。

此为不可逆反应，总反应如下：

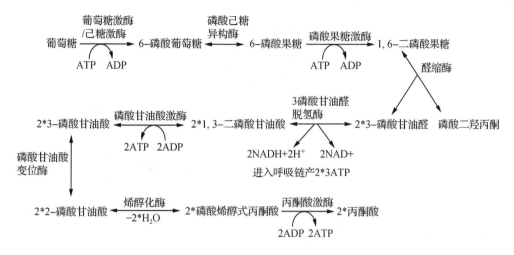

图6-4 第一阶段发应过程图解

丙酮酸脱氢酶系属于多酶复合体，存在于线粒体内，由三种酶（丙酮酸脱氢酶、二氢硫辛酸乙酰基转移酶、二氢硫辛酸脱氢酶）和五种辅酶（TPP、NAD^+、FAD、HSCoA、硫辛酸）组成，Mg^{2+}作为激活剂，在它们的协同作用下，使丙酮酸转变为乙酰CoA和CO_2。

3. 乙酰CoA进入三羧酸循环 三羧酸循环（tricarboxylic acid cycle，TCA cycle，TCA循环）是从乙酰辅酶A和草酰乙酸缩合成含有3个羧基的柠檬酸开始，经过4次脱氢两次脱羧反应后，又以草酰乙酸的再生成而结束，故称为三羧酸循环、柠檬酸循环。由于该循环由Krebs正式提出，故又称为Krebs循环。三羧酸循环在线粒体内进行，反应过程见图6-5。

视频7 三羧酸循环过程

知识拓展

三羧酸循环的发现

三羧酸循环的发现：1936年，H. A. Krebs开始研究鸽子的飞翔肌对各种二羧酸和三羧酸的氧化代谢关系，发现并非所有的二羧酸和三羧酸都有极高氧化效率。根据实验，Krebs提出了丙酮酸氧化的循环系统，发现三羧酸循环。1953年，Krebs获得诺贝尔生理学医学奖。

（1）反应过程

①柠檬酸的生成：乙酰辅酶A和草酰乙酸在柠檬酸合成酶（citrate synthase）催化下缩

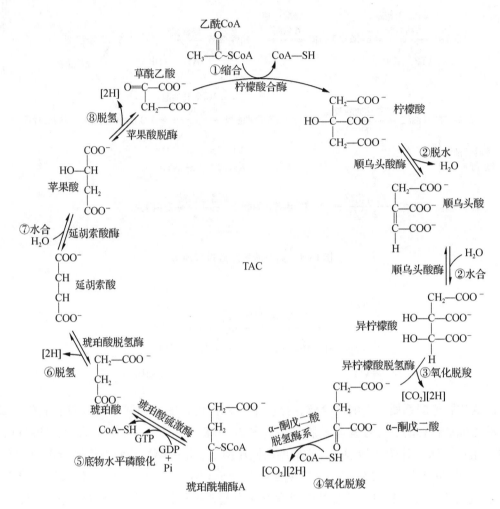

图6-5 三羧酸循环过程图解

合成柠檬酸，所需能量由乙酰辅酶 A 提供。柠檬酸合成酶是三羧酸循环的第一个关键酶，其催化反应不可逆。

$$乙酰 CoA + 草酰乙酸 + H_2O \xrightarrow{柠檬酸合成酶} 柠檬酸 + SHCoA$$

②柠檬酸异构生成异柠檬酸：柠檬酸在顺乌头酸酶催化下脱水形成顺乌头酸，再加水生成异柠檬酸。

$$柠檬酸 \xleftrightarrow{顺乌头酸酶} 顺乌头酸 + H_2O \xleftrightarrow{顺乌头酸酶} 异柠檬酸$$

③异柠檬酸氧化脱羧生成 α - 酮戊二酸：由异柠檬酸脱氢酶催化，反应生成的 NADH + H^+，进入 NADH 氧化呼吸链氧化，这是三羧酸循环中第一次氧化脱羧生成 CO_2 的反应。异柠檬酸脱氢酶是三羧酸循环的第二个关键酶，为变构酶，其活性受 ADP 的变构激活、受 ATP 的变构抑制。

$$异柠檬酸 + NAD^+ \xrightarrow[Mg^{2+} 或 Mn^{2+}]{异柠檬酸脱氢酶} \alpha - 酮戊二酸 + CO_2 + NADH + H^+$$

④α-酮戊二酸氧化脱羧生成琥珀酰辅酶 A：此反应不可逆，由 α-酮戊二酸脱氢酶系催化。该酶是三羧酸循环的第三个关键酶，其组成和催化反应过程与丙酮酸脱氢酶系极为相似，也由三种酶（α-酮戊二酸脱氢酶、二氢硫辛酸琥珀酰基转移酶、二氢硫辛酸脱氢酶）和五种辅酶（TPP、NAD^+、FAD、HSCoA、硫辛酸）组成，是三羧酸循环中第二次氧化脱羧生成 CO_2 的反应。

$$\alpha\text{-酮戊二酸} + NAD^+ + CoASH \xrightarrow{\alpha\text{-酮戊二酸脱氢酶系}} \text{琥珀酰 CoA} + NADH + H^+ + CO_2$$

⑤琥珀酸的生成：在琥珀酰硫激酶催化下，琥珀酰辅酶 A 将高能磷酸基团转移给 GDP 生成 GTP，再转移给 ADP 生成 ATP。这是三羧酸循环中唯一经底物磷酸化生成的 ATP。

$$\text{琥珀酰 CoA} + GDP + Pi \xleftrightarrow{\text{琥珀酸硫激酶}} \text{琥珀酸} + GTP + CoASH$$

⑥琥珀酸脱氢：琥珀酸在琥珀酸脱氢酶的催化下脱氢生成延胡索酸，生成的 $FADH_2$ 进入琥珀酸氧化呼吸链氧化。

$$\text{琥珀酸} + FAD \xleftrightarrow{\text{琥珀酸脱氢酶}} \text{延胡索酸} + FADH_2$$

⑦延胡索酸加水：延胡索酸在延胡索酸酶催化下，加水生成苹果酸。

$$\text{延胡索酸} + H_2O \xleftrightarrow{\text{延胡索酸酶}} \text{苹果酸}$$

⑧苹果酸脱氢生成草酰乙酸：在苹果酸脱氢酶催化下脱氢生成草酰乙酸，生成的 $NADH + H^+$ 进入 NADH 氧化呼吸链氧化。再生的草酰乙酸可又携带乙酰基进入三羧酸循环（图6-5）。

$$\text{苹果酸} + NAD^+ \xleftrightarrow{\text{苹果酸脱氢酶}} \text{草酰乙酸} + NADH + H^+$$

（2）三羧酸循环的特点：①反应部位是线粒体，必须在有氧的条件下才能顺利进行；②发生 4 次脱氢（3 次进入 NADH 呼吸链，一次进入 $FADH_2$ 呼吸链），2 次脱羧，1 次底物水平磷酸化；③三种关键酶：柠檬酸合成酶、异柠檬酸脱氢酶、α-酮戊二酸脱氢酶系。这三种酶催化的反应都不可逆，使整个循环只能单向进行；④三羧酸循环是耗氧、产能的重要途径，必须不断补充循环的中间产物。

（3）有氧氧化的生理意义：①糖的有氧氧化主要是为机体提供能量（表6-1）；②三羧酸循环是糖、脂肪、蛋白质彻底氧化的共同途径：三大营养物质糖、脂肪、蛋白质经代谢均可生成乙酰辅酶 A 或三羧酸循环的中间产物（如草酰乙酸、α-酮戊二酸等），经三羧酸循环彻底氧化生成 CO_2 和 H_2O，并产生大量的 ATP，供生命活动之需；③三羧酸循环是物质代谢的枢纽：糖、脂肪和氨基酸均可转变为三羧酸循环的中间产物，通过三羧酸循环相互转变、相互联系。乙酰辅酶 A 可以在胞液中合成脂肪酸。许多氨基酸的碳架是三羧酸循环的中间产物，可以通过草酰乙酸转变为葡萄糖（参见"任务四　糖异生"）。草酰乙酸和 α-酮戊二酸通过转氨基反应合成天冬氨酸、谷氨酸等一些非必需氨基酸。

表6-1　有氧氧化产能过程

序号	产能部位	产能方式	数量
1	葡萄糖→6-磷酸葡萄糖		-1
2	6-磷酸葡萄糖→1,6-二磷酸果糖		-1

续表

序号	产能部位	产能方式	数量
3	3 - 磷酸甘油醛→1，3 - 二磷酸甘油酸	NADH 或 FADH₂ 呼吸链氧化磷酸化	3×2 或 2×2
4	1，3 - 二磷酸甘油酸→3 - 磷酸甘油酸	底物水平磷酸化	1×2
5	磷酸烯醇式丙酮酸→烯醇式丙酮酸	底物水平磷酸化	1×2
6	丙酮酸→乙酰辅酶 A	NADH 呼吸链氧化磷酸化	3×2
7	异柠檬酸→α - 酮戊二酸	NADH 呼吸链氧化磷酸化	3×2
8	α - 酮戊二酸→琥珀酰辅酶 A	NADH 呼吸链氧化磷酸化	3×2
9	琥珀酰辅酶 A→琥珀酸	底物水平磷酸化	1×2
10	琥珀酸→延胡索酸	FADH 呼吸链氧化磷酸化	2×2
11	苹果酸→草酰乙酸	NADH 呼吸链氧化磷酸化	3×2
	合计		38 或 36

三、磷酸戊糖途径

（一）概念

体内除糖酵解和糖的有氧氧化为糖分解代谢的主要途径外，在肝脏、脂肪组织、泌乳期乳腺、肾上腺皮质、睾丸、红细胞及中心粒细胞等尚有磷酸戊糖途径（PPP 途径），也称为己糖单磷酸旁路（HMS）。磷酸戊糖途径是指由葡萄糖生成磷酸核糖及 NADH + H$^+$，前者再进一步转变成 3 - 磷酸甘油醛和 6 - 磷酸果糖的反应过程（图 6-6）。此反应途径主要发生在肝、脂肪组织等组织细胞胞液中。

（二）反应过程

磷酸戊糖途径（图 6-6）由 6 - 磷酸葡萄糖脱氢、脱羧生成 5 - 磷酸核酮糖，同时生成 2 分子 NADH + H$^+$ 和 1 分子 CO_2。5 - 磷酸核酮糖经异构化反应生成 5 - 磷酸核糖，或在差向异构酶作用下，转变为 5 - 磷酸木酮糖。6 - 磷酸葡萄糖脱氢酶是磷酸戊糖途径中的限速酶，其活性受 NADPH/NADP$^+$ 比例的调节。NADPH/NADP$^+$ 比例增高，酶活性被抑制。

（三）磷酸戊糖途径的调节

6 - 磷酸葡萄糖脱氢酶是磷酸戊糖途径的第一个酶，又是限速酶，其活性决定 6 - 磷酸葡萄糖进入途径的流量，因此磷酸戊糖途径的调节点主要是 6 - 磷酸葡萄糖脱氢酶，该酶的快速调节主要受 NADPH/NADP$^+$ 比值的影响，比值升高时，抑制该酶活性，磷酸戊糖途径代谢速度减慢；比值降低时，该酶活性升高，磷酸戊糖途径代谢速度加快。

（四）生理意义

1. 产生 5 - 磷酸核糖　磷酸戊糖途径是体内唯一利用葡萄糖生成 5 - 磷酸核糖的途径，

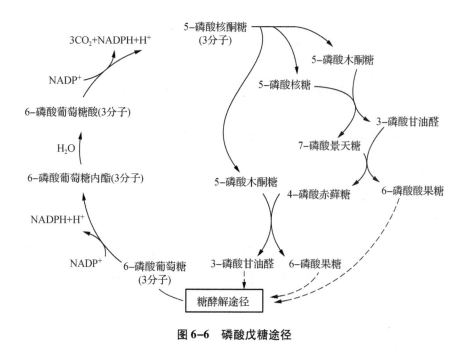

图 6-6 磷酸戊糖途径

5-磷酸核糖是合成核酸及其衍生物的重要原料。

2. 生成 NADPH + H$^+$ NADPH 的生理功能如下。

（1）NADPH 是体内许多合成代谢的供氢体：NADPH 参与胆固醇、脂肪酸、类固醇激素等重要化合物的生物合成。

（2）NADPH 参与体内羟化反应：与肝的生物转化过程有关，在非营养物质的代谢中起重要作用。

（3）NADPH 是谷胱甘肽还原酶的辅酶：NADPH 能维持细胞中还原型谷胱甘肽（GSH）的正常含量起着重要作用。如红细胞中的 GSH 可以保护红细胞膜上含巯基的蛋白质和酶，以维持膜的完整性和酶活性。如果先天性缺乏 6-磷酸葡萄糖脱氢酶，磷酸戊糖途径不能正常进行，NADPH 缺乏，GSH 含量减少，红细胞膜易被破坏而发生溶血性贫血，并可发生溶血性黄疸。患者常在食用蚕豆时发病，故称为蚕豆病。

知识拓展

蚕豆病

蚕豆病是遗传性 6-磷酸葡萄糖脱氢酶缺陷的患者，因磷酸戊糖途径不能正常进行，NADPH 缺乏，GSH 含量减少，使红细胞易于破坏而发生溶血性贫血。因患者常在食蚕豆或服用抗疟疾药物磷酸伯氨喹后诱发本病，故又称蚕豆病。属于 X 连锁不完全显性遗传性溶血病。

蚕豆病通常于进食蚕豆或蚕豆制品后的 24~48 h 内发病，表现为急性血管内溶血。可出现头晕、厌食、恶心、呕吐、疲乏等症状，继而出现黄疸、血红蛋白尿，溶血严重者可出现少尿、无尿、酸中毒，甚至急性肾衰竭。慢性者可有肝脾大。

患有蚕豆病的人应该终身禁止食用蚕豆，远离蚕豆以防止发病。

任务三　糖原的合成与分解

糖原是体内糖的储存形式，是机体能迅速动用的能量储备。

一、糖原的合成

（一）概念

由单糖（主要是葡萄糖）合成糖原的过程称为糖原合成（glycogenesis）。肝糖原可以任何单糖为合成原料，而肌糖原只能以葡萄糖为合成原料。糖原合成反应在胞液中进行，需消耗 ATP 和 UTP。

（二）合成过程

1. 葡萄糖磷酸化生成6－磷酸葡萄糖　此反应由己糖激酶或葡萄糖激酶催化，反应不可逆，消耗 ATP。

$$葡萄糖(G) \xrightarrow[\text{Mg}^{2+}]{\text{己糖激酶或葡萄糖激酶}} 6\text{-磷酸葡萄糖(G-6-P)}$$
$$ATP \qquad ADP$$

2. 1－磷酸葡萄糖的生成

$$6\text{-磷酸葡萄糖（G-6-P）} \xrightarrow{\text{磷酸葡萄糖变位酶}} 1\text{-磷酸葡萄糖（G-1-P）}$$

3. UDPG 的生成　此反应由 UDPG 焦磷酸化酶催化，反应不可逆，消耗 UTP。

$$1\text{-磷酸葡萄糖} + 尿苷三磷酸 \xrightarrow{\text{UDPG焦磷酸化酶}} 尿苷二磷酸葡萄糖$$
$$\text{(G-1-P)} \qquad \text{(UTP)} \qquad PPi \qquad \text{(UDPG)}$$

4. 糖原的合成

$$尿苷二磷酸葡萄糖（UDPG）+ 糖原引物（G_n）\xrightarrow{\text{糖原合成酶}} UDP + 糖原（G_{n+1}）$$

（三）糖原合成的特点

1. 糖原合成需要糖原引物。
2. 糖原合成酶是糖原合成的关键酶。
3. 分支酶形成糖原的分支结构。
4. 糖原合成消耗能量。

二、糖原的分解

（一）概念

肝糖原分解为葡萄糖以补充血糖的过程，称为糖原分解（glyocgenolysis）。

（二）糖原分解过程

1. 糖原分解为 1 - 磷酸葡萄糖　从糖原分子的非还原端开始，糖原磷酸化酶催化 α - 1，4 - 糖苷键水解，逐个生成了 1 - 磷酸葡萄糖。

$$糖原(G_{n+1}) + Pi \xrightarrow{磷酸化酶} 糖原(G_n) + 1 - 磷酸葡萄糖$$

2. 1 - 磷酸葡萄糖变位为 6 - 磷酸葡萄糖

$$1 - 磷酸葡萄糖 \xleftrightarrow{磷酸葡萄糖变位酶} 6 - 磷酸葡萄糖$$

3. 6 - 磷酸葡萄糖水解为葡萄糖

$$6 - 磷酸葡萄糖 + H_2O \xrightarrow{葡萄糖 - 6 - 磷酸酶} 葡萄糖 + Pi$$

葡萄糖 - 6 - 磷酸酶只存在于肝和肾，而不存在于肌肉中，因此只有肝糖原能直接分解为葡萄糖，补充血糖浓度。而肌糖原不能分解为葡萄糖，只能进行糖酵解或有氧氧化。

和葡萄糖彻底氧化过程相比，从糖原上水解下一个葡萄糖单位是以 1 - 磷酸葡萄糖的形式，只需在变位酶作用下不消耗能量就转化为 6 - 磷酸葡萄糖，而葡萄糖到 6 - 磷酸葡萄糖消耗了一分子 ATP，其余过程相同，因此从糖原上水解下一个葡萄糖单位经过彻底氧化分解产能 37 或 39 分子 ATP，过程见图 6-7。

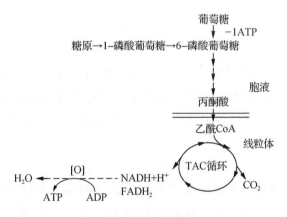

图 6-7　糖原的分解

三、糖原代谢的调节与代谢异常

（一）糖原代谢的调节

1. 变构调节　6 - 磷酸葡萄糖可激活糖原合成酶，同时抑制糖原磷酸化酶，刺激糖原合成，阻止糖原分解，同时是糖原合成酶的变构激活剂、糖原磷酸化酶的变构抑制剂。ATP和葡萄糖也能促进糖原合成。

高浓度AMP可激活无活性的糖原磷酸化酶b，加速糖原分解。此外，Ca^{2+}可激活磷酸化酶激酶进而激活磷酸化酶，从而促进糖原分解。

2. 激素的调节　体内肾上腺素和胰高血糖素可通过cAMP连锁酶促反应逐级放大，构成一个调节糖原合成与分解的控制系统。

（二）糖原代谢的异常与糖原堆积症

由于个体先天缺乏分解糖原所需的一些酶，而导致肝糖原不能分解，造成糖原大量堆积在组织内，引起组织器官功能损伤，临床上称为糖原堆积症（GSD）。不同器官中不同酶缺乏引起的后果不同。如肝内磷酸酶缺乏，引起肝大；溶酶体中的α-葡萄糖苷酶缺乏引起心肌受损。

四、糖原合成与分解的生理意义

在正常生理情况下维持血糖浓度相对恒定，保证依赖葡萄糖供能的组织（脑、红细胞）的能量供给。如当机体糖供应丰富（如进食后）和细胞能量充足时，合成糖原将能量储存起来，以免血糖浓度过度升高。当糖供应不足（如空腹）或能量需求增加时，储存的糖原分解为葡萄糖，维持血糖浓度在正常范围。

任务四　糖异生

一、糖异生概念

由非糖物质转变为葡萄糖或糖原的过程，称为糖异生作用。甘油、有机酸（乳酸、丙酮酸及三羧酸循环中的各种羧酸）和某些氨基酸均可作为糖异生的原料。糖异生的器官主要是肝脏，其次是肾脏。长期饥饿或酸中毒时，肾脏的糖异生作用可大大加强。

二、糖异生过程

糖异生途径基本上是糖酵解途径的逆反应，但己糖激酶（包括葡萄糖激酶）、磷酸果糖激酶及丙酮酸激酶催化的三步反应，都是不可逆反应，称为"能障"。实现糖异生必须绕过这3个"能障"，这些酶就是糖异生的关键酶。

（一）丙酮酸羧化支路

丙酮酸不能直接逆转为磷酸烯醇式丙酮酸，但丙酮酸可以在丙酮酸羧化酶的催化下生成草酰乙酸，然后在磷酸烯醇式丙酮酸羧激酶的催化下，草酰乙酸脱羧基并从GTP获得磷酸生成磷酸烯醇式丙酮酸，此过程称为丙酮酸羧化支路，是消耗能量的循环反应。

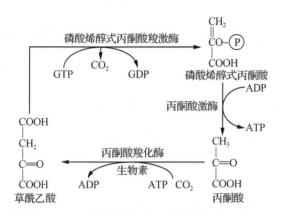

丙酮酸羧化酶仅存在于线粒体内，胞液中的丙酮酸必须进入线粒体才能羧化成草酰乙酸，而磷酸烯醇式丙酮酸羧激酶在线粒体和胞液中都存在，因此草酰乙酸转变成磷酸烯醇式丙酮酸在线粒体和胞液中进行。

（二）1，6-二磷酸果糖转变为6-磷酸果糖

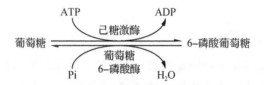

（三）6-磷酸葡萄糖水解生成葡萄糖

上述过程中，丙酮酸羧化酶、磷酸烯醇式丙酮酸羧激酶、果糖-1，6-二磷酸酶、葡萄糖-6-磷酸酶是糖异生途径的关键酶。它们主要分布在肝脏和肾皮质。糖异生过程见图6-8所示。

三、生理意义

（一）维持空腹和饥饿时血糖浓度的相对恒定

糖异生能够维持血糖浓度相对恒定。空腹和饥饿时，靠肝糖原分解产生葡萄糖仅能维持8~12 h，人体储备糖原的能力有限，长期禁食或饥饿的情况下，肝糖原已不足以维持血糖浓度相对恒定，此时血糖主要来源于糖异生，以保证脑、红细胞等重要器官的能量供应。

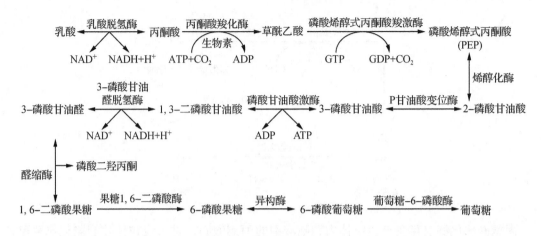

图 6-8　糖异生过程图解

（二）糖异生有利于乳酸的再利用

在激烈运动时，肌肉糖酵解生成大量乳酸，后者经血液运到肝脏可再合成葡萄糖，使不能直接产生葡萄糖的肌糖原间接变成血糖，并且有利于回收乳酸分子中的能量，更新肌糖原，防止乳酸酸中毒的发生。

（三）糖异生能够协助氨基酸代谢

实验证实，进食蛋白质后，肝中糖原含量增加。禁食晚期、糖尿病或皮质醇过多时，由于组织蛋白质分解，血浆氨基酸增多，糖的异生作用增强，因而氨基酸转化成糖可能是氨基酸代谢的主要途径。

（四）促进肾小管泌氨的作用

长期禁食后肾脏的糖异生可以明显增加，发生这一变化的原因可能是饥饿造成的代谢性酸中毒，体液 pH 降低可以促进肾小管中磷酸烯醇式丙酮酸羧化酶的合成，使成糖作用增加，当肾脏中 α-酮戊二酸经草酰乙酸而加速成糖后，可因 α-酮戊二酸的减少而促进谷氨酰胺脱氨成谷氨酸及谷氨酸的脱氨，肾小管细胞将 NH_3 分泌入管腔中，与原尿中 H^+ 结合，降低原尿 H^+ 的浓度，有利于排氢保钠作用的进行，对于防止酸中毒有重要作用。

任务五　血糖及其调节

血糖主要是指血液中的葡萄糖。正常成人空腹血糖浓度相对恒定，在 3.9～6.1 mmol/L 范围内，这是机体对血糖来源和去路调节的结果。血糖浓度的相对恒定，对组织器官能量的供给（尤其是脑组织），以维持正常生理活动具有重要意义。

一、血糖的来源和去路

(一) 血糖的来源

1. 食物中糖类的消化吸收 饭后食物中的糖消化成葡萄糖，经吸收进入血液循环，这是血糖的主要来源。

2. 肝糖原分解 空腹时血糖来自肝脏，肝脏储有肝糖原，空腹时肝糖原分解成葡萄糖进入血液。

3. 糖异生作用 长期饥饿时，储备的肝糖原已不能满足维持血糖浓度，则糖异生作用增强，将大量非糖物质转变为糖，继续维持血糖的正常水平。因此糖异生作用是空腹和饥饿时血糖的重要来源。

(二) 血糖的去路

1. 氧化供能 被组织细胞氧化分解成二氧化碳和水，同时释放大量能量，供人体利用消耗。

2. 合成肝糖原和肌糖原 进入肝脏变成肝糖原储存起来；进入肌肉细胞变成肌糖原贮存起来。

3. 转变为其他物质 转变为脂肪、氨基酸等非糖物质及其他糖类（如核糖等）。

4. 随尿排出 当血糖浓度超过 8.89 mmol/L 时，葡萄糖随尿排出，出现糖尿现象，此时的血糖浓度称为肾糖阈值。尿排糖是血糖的非正常去路，糖尿在病理情况下出现，常见于糖尿病患者。

二、血糖浓度的调节

(一) 器官水平的调节

肝脏是调节血糖浓度的主要器官，肝脏通过糖原的合成、分解和糖异生作用调节血糖浓度。当餐后血糖浓度增高时，肝细胞通过肝糖原合成来降低血糖浓度。空腹血糖浓度降低时，肝脏通过糖原分解补充血糖。饥饿或禁食情况下，肝的糖异生作用加强，从而有效维持血糖浓度。其次，肾脏、肌肉和肠道等也能调节血糖浓度。

(二) 激素水平的调节

调节血糖的激素有两类，一类是降低血糖的激素，即胰岛素（insulin）。另一类是升高血糖的激素，有肾上腺素、胰高血糖素、糖皮质激素、生长激素。激素对血糖浓度的调节见表6-2。两类作用不同的激素通过调节糖代谢途径中限速酶的活性，影响相应的代谢过程。它们既相互对立，又相互统一，共同调节血糖浓度，以维持其正常水平。

表 6-2 激素对血糖浓度的调节

升血糖激素		降血糖激素	
胰岛素	1. 促进葡萄糖进入肌肉、脂肪等细胞 2. 加速葡萄糖在肝、肌肉内合成糖原 3. 促进糖的有氧氧化 4. 促进糖转变为脂肪 5. 抑制糖异生作用	胰高血糖素	1. 抑制肝糖原合成，促进肝糖原分解 2. 促进糖异生作用
		肾上腺素	1. 促进肝糖原分解 2. 促进肌糖原分解 3. 促进糖异生作用
		糖皮质激素	1. 促进糖异生作用 2. 促进肝外组织蛋白质分解生成氨基酸

三、糖代谢紊乱

许多因素都可影响糖代谢，如神经系统功能紊乱、内分泌失调、某些酶的先天性缺陷、肝或肾功能障碍等均可引起糖代谢紊乱。临床上糖代谢紊乱常见以下两种类型。

（一）低血糖

成年人空腹血糖浓度低于 2.8 mmol/L 称为低血糖。

因为脑组织主要以葡萄糖作为能源，对低血糖比较敏感，即使轻度低血糖就能发生头晕、心悸、出冷汗、手颤、倦怠无力、面色苍白等，严重者还可出现精神不集中、躁动、易怒，甚至昏迷等。

低血糖常见原因有：①糖摄入不足或吸收不良；②严重的肝病；③内分泌异常；④组织细胞对糖的消耗量过多；⑤使用降糖药过量；⑥长时间饥饿或持续剧烈运动。

（二）高血糖与糖尿

空腹时血糖浓度高于 6.9 mmol/L 称为高血糖。如果血糖浓度高于肾糖阈值（8.9～10.0 mmol/L）时，超过了肾小管对糖的最大重吸收能力，则尿中就会出现糖，此现象称为糖尿。引起高血糖的原因也有生理性和病理性两类。

1. 生理性高血糖

（1）一次性进食或静脉输入大量葡萄糖（每小时每千克体重22～28 mmol/L）时，血糖浓度急剧增高，可引起饮食性高血糖。

（2）情绪过于激动时，交感神经兴奋，肾上腺素分泌增加，肝糖原分解为葡萄糖释放入血，使血糖升高，可出现情感性高血糖和糖尿。这些属于生理性高血糖和糖尿，其高血糖和糖尿是暂时的，且空腹血糖正常。

2. 病理性高血糖

（1）升高血糖的激素分泌亢进或胰岛素分泌障碍均可导致高血糖，甚至会出现糖尿。

（2）肾疾病可导致肾小管重吸收葡萄糖能力减弱而出现糖尿，称为肾性糖尿。这是由肾糖阈下降引起的，此时血糖浓度可正常，也可升高，但糖代谢未发生紊乱。

临床上最常见的高血糖症是糖尿病（DM）。

知识拓展

糖尿病

糖尿病（DM）是一组以高血糖为特征的代谢性疾病，有2个主要成因：胰腺无法生产足够的胰岛素，或者是细胞对胰岛素不敏感。它的特征是患者的血糖长期高于标准值，高血糖会造成俗称"三多一少"的症状：多食、多饮、频尿及体重下降。严重的糖尿病患者常伴有多种并发症，包括视网膜毛细血管病变、白内障、神经轴突萎缩和脱髓鞘、动脉硬化性疾病和肾病。这些并发症的严重程度与血糖水平升高程度直接相关，可见治疗糖尿病关键在于控制血糖浓度。

目前尚无根治糖尿病的方法，但通过多种治疗手段可以控制好糖尿病。主要包括5个方面：糖尿病患者的健康教育、自我监测血糖、饮食治疗、运动治疗和药物治疗。"早防、早治"是最有成效的治疗。

视频8　血糖与检测　　　　视频9　血糖异常分析与应对

目标检测

一、选择题

1. 合成糖原时，葡萄糖的直接供体（　　）

A. CDPG

B. UDPG

C. 1 – 磷酸葡萄糖

D. GDPG

2. 体内产生 NADPH 的途径（　　）

A. 糖酵解途径

B. 三羧酸循环

C. 糖异生作用

D. 磷酸戊糖途径

3. 降低血糖浓度的激素是（　　）

A. 胰高血糖素

B. 胰岛素

C. 肾上腺素

D. 糖皮质激素

4. 红细胞中还原型谷胱甘肽不足，易引起溶血，原因是缺乏 （ ）

A. 葡萄糖激酶

B. 果糖二磷酸酶

C. 6 – 磷酸葡萄糖脱氢酶

D. 磷酸果糖激酶

5. 三羧酸循环中哪一个化合物前后各放出一个分子 CO_2 （ ）

A. 柠檬酸

B. 乙酰辅酶 A

C. 琥珀酸

D. α – 酮戊二酸

二、简答题

1. 简述三羧酸循环的反应过程和生物学意义。

2. 简述血糖的来源和去路。

3. 简述糖异生的生理意义。

4. 为什么说三羧酸循环是糖、脂肪和蛋白质三大物质代谢的共同通路？

5. 为什么剧烈运动后，肌肉会产生酸痛感？

三、拓展题

扮演护士，就"糖尿病的预防"向人群进行健康教育。

选择题答案

1	2	3	4	5
B	D	B	C	D

项目七 脂类代谢

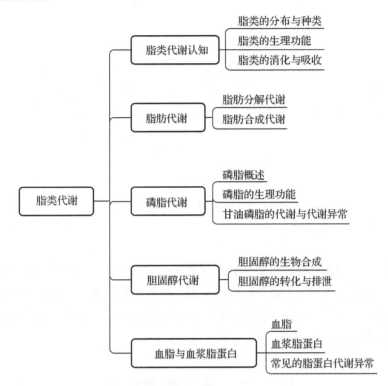

脂类代谢
- 脂类代谢认知
  - 脂类的分布与种类
  - 脂类的生理功能
  - 脂类的消化与吸收
- 脂肪代谢
  - 脂肪分解代谢
  - 脂肪合成代谢
- 磷脂代谢
  - 磷脂概述
  - 磷脂的生理功能
  - 甘油磷脂的代谢与代谢异常
- 胆固醇代谢
  - 胆固醇的生物合成
  - 胆固醇的转化与排泄
- 血脂与血浆脂蛋白
  - 血脂
  - 血浆脂蛋白
  - 常见的脂蛋白代谢异常

学习目标

知识目标

1. 掌握脂肪动员、酮体的概念。

2. 掌握酮体种类、生成和利用。

3. 掌握甘油磷脂合成的原料和意义。

4. 掌握胆固醇合成的组织器官、原料、关键酶和影响因素。

5. 掌握血浆脂蛋白分类、组成特点和功能。

能力目标

1. 能够运用脂代谢的相关知识指导合理膳食、预防脂代谢疾病的发生。

2. 能够运用脂代谢的相关知识解释酮血症、高脂血症、动脉粥样硬化等与脂代谢异常有关的疾病的发病机制。

3. 能够读懂生化检验报告单中与脂代谢相关的数据。

素质目标
1. 具备科学精神、工匠精神、尊重生命职业素养。
2. 培养学生整体观念、全面看待问题、辩证思维能力。
3. 具备创新能力、问题求解能力、思维能力。

案例导学

某女士，28 岁，2011 年，女儿的诞生为她美满的生活增添不少乐趣。美中不足的是，生育后该女士体重一路飙升到 80 kg，令她烦恼不已。但经过一年的减肥之后，体重是下来了，新的烦恼又来了。半年前，该女士出现食欲缺乏、恶心等症状，去医院检查，发现竟患上了重度脂肪肝。

问题思考：

1. 什么是脂肪肝？

2. 为什么这位女士人瘦下来了，却患上脂肪肝了？

3. 生活中怎样预防脂肪肝？

脂类是脂肪和类脂的总称。脂肪即甘油三酯（triglyceride），由 1 分子甘油和 3 分子脂肪酸组成。类脂即复合脂类，它与脂肪的性质相似，包括磷脂、糖脂、胆固醇及胆固醇酯等。通常情况下，脂类不易溶于水而易溶于乙醚、氯仿等非极性有机溶剂。脂类都含有碳、氢、氧元素，有的脂类还含有氮、磷、硫元素。

任务一　脂类代谢认知

一、脂类的分布与种类

脂类分为两大类，即脂肪（fat）和类脂（lipids）。

（一）脂肪

人体内的脂肪主要包括体脂和血脂。

1. 血脂是存在于血液之中的脂肪。

2. 体脂（又称脂肪组织）分布于人体的多个部位。一般而言，脂肪组织位于皮肤下方（皮下脂肪），也有一些脂肪分布于 2 个肾脏的顶部。其他部位是否含有脂肪与性别有关。成年男子一般会在胸部、腹部和臀部聚积脂肪，成年女子的脂肪一般位于乳房、髋部、腰部和臀部。除了脂肪组织外，一些脂肪会存储在肝脏中，还有一小部分脂肪甚至会分布在肌肉中。这种脂肪分布位置的差别源自性激素（雌激素和睾丸激素）的作用。

分布于人体的脂肪组织（如皮下、大网膜、肠系膜、肾周围等处）占体重的 10% ~

20%，脂肪含量受营养状况、活动量、能量消耗等因素的影响而发生变动，故又称可变脂。

（二）类脂

类脂包括磷脂、糖脂、胆固醇及胆固醇酯等，是机体组织结构的组成成分，约占体重的5%。例如，磷脂是细胞膜的基本组成成分，几乎所有的细胞都含有磷脂，磷脂主要存在于脑、神经组织、骨髓、心、肝及肾等器官中；糖脂是细胞结构（包括神经髓鞘）的组成部分，也是构成血型物质及细胞抗原的重要组分；胆固醇存在于人体的各组织中。

类脂比较稳定，一般不太受营养和机体活动的影响，所以类脂也称定脂。

二、脂类的生理功能

（一）脂肪的生理功能

1. 储能和氧化供能。
2. 提供必需脂肪酸。
3. 维持体温和保护作用。
4. 促进脂溶性维生素吸收。
5. 构成血浆脂蛋白。

（二）类脂的生理功能

1. 维持生物膜的正常结构和功能。
2. 转化为生物活性物质，如胆固醇可转变成类固醇激素、维生素 D_3、胆汁酸。
3. 构成血浆脂蛋白。

三、脂类的消化与吸收

正常人一般每日每人从食物中消化 60~85 g 的脂类，其中甘油三酯占到 90% 以上，除此以外还有少量的磷脂、胆固醇及其酯和一些游离脂肪酸。

食物中的脂类在成人口腔和胃中不能被消化。

脂类的消化及吸收主要在小肠中进行。

（一）脂类的消化

食物中的脂类主要是脂肪和少量的磷脂、胆固醇及胆固醇酯等。脂类不溶于水，必须经胆汁中胆汁酸盐的乳化并分散成细小的微团后，才能被消化酶消化。

（二）脂类的吸收

脂类的消化产物主要在十二指肠下段及空肠上段吸收。短链脂肪酸（2~4 ℃）及中链脂肪酸（6~10 ℃）与甘油构成的三酰甘油，经胆汁酸盐乳化后即可被吸收。

任务二　脂肪代谢

一、脂肪分解代谢

甘油三酯是机体重要的能量来源，是人体内含量最多的脂类。1 g 甘油三酯彻底氧化可产生 38 kJ 的能量，而 1 g 碳水化合物或 1 g 蛋白质只能产生 17 kJ 的能量。

除脑和成熟红细胞外，其他各组织细胞几乎都有氧化利用脂肪及其代谢产物的能力，但它们很少利用自身的脂肪，而主要利用脂肪组织中动员的脂肪酸。

脂肪分解代谢概况见图 7-1。

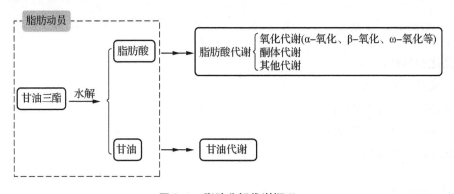

图7-1　脂肪分解代谢概况

（一）脂肪动员

贮存于脂肪细胞中的甘油三酯（triglyceride，TG）在脂肪酶的催化下水解出脂肪酸和甘油，再经血液运输至全身各组织氧化利用的过程称为脂肪的动员。

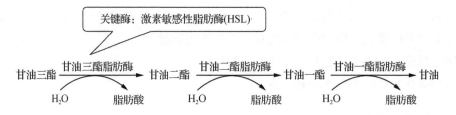

其中，催化由甘油三酯水解生成甘油二酯的甘油三酯脂肪酶是脂动员的限速酶，其活性受许多激素的调节，称为激素敏感脂肪酶。

（二）甘油的代谢

脂肪动员产生的甘油，可在肝、肾等组织氧化供能，也可进行糖异生作用。在甘油磷酸激酶催化下，甘油磷酸化生成 α-磷酸甘油，再脱氢生成磷酸二羟丙酮，磷酸二羟丙酮是糖酵解的中间产物，可沿糖代谢途径继续氧化分解并释放能量，也可沿糖异生途径转变为葡萄糖或糖原。一分子甘油如果进入糖的有氧氧化能产生 22 分子 ATP，过程如图 7-2 所示。

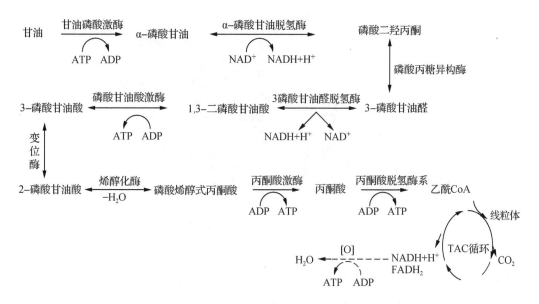

图 7-2　甘油氧化分解图解

（三）脂肪酸的氧化

在供氧充足的条件下，脂肪酸在体内彻底氧化分解生成 CO_2 和 H_2O，并释放出大量能量的过程称为脂肪酸的氧化。在体内，脂肪酸氧化以肝和肌肉最为活跃，而在神经组织中极为低下。线粒体是脂肪酸氧化的主要场所。

脂肪酸的氧化分为脂肪酸的活化、脂酰 CoA 经肉碱转运进入线粒体、脂酰 CoA 的 β - 氧化 3 个阶段。

1. 脂肪酸的活化

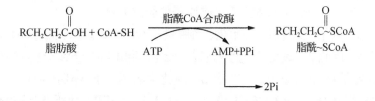

此反应是在细胞液中进行，为不可逆反应，脂酰 CoA 合成酶为脂肪酸氧化的关键酶，反应过程中生成的焦磷酸可以立即被细胞内的焦磷酸酶水解，阻止逆向反应的进行。因此，每活化一分子脂肪酸实际上消耗了 2 个高能磷酸键。

2. 脂酰 CoA 经肉毒碱转运进入线粒体　催化脂肪酸氧化的酶系存在于线粒体基质内，故活化的脂酰 CoA 必须先进入线粒体才能氧化。但脂酰 CoA 不能直接透过线粒体内膜，需要通过肉毒碱转运至线粒体内。在线粒体内膜的外侧及内侧分别有肉毒碱脂酰转移酶 I 和酶 II 。

脂酰 CoA 经肉毒碱转运进入线粒体过程见图 7-3。

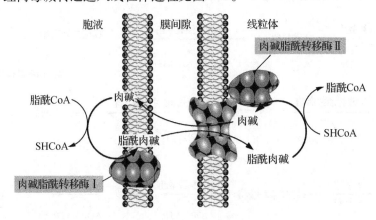

图 7-3　脂酰 CoA 进入线粒体图解

3. 脂酰 CoA 的 β-氧化　β-氧化是脂酰 CoA 通过脱氢、水化、再脱氢、硫解四个连续反应生成乙酰 CoA 和少 2 个 C 的脂酰 CoA，经过多次 β-氧化，全部生成乙酰 CoA，最后经三羧酸循环被彻底氧化生成 CO_2 和 H_2O 并释放能量（图 7-4）。也就是说 β-氧化的底物是脂酰 CoA，产物是乙酰 CoA，部位是线粒体。过程如下。

（1）脱氢：脂酰 CoA 在脂酰基 CoA 脱氢酶的催化下，其烃链的 α、β 位碳上各脱去一个氢原子，生成 α、β-烯脂酰 CoA，脱下的 2 个氢原子由该酶的辅酶 FAD 接受生成 $FADH_2$，后者经电子传递链传递给氧而生成水，同时伴有 2 分子 ATP 的生成。

（2）水化：α、β-烯脂酰 CoA 在烯脂酰 CoA 水化酶的催化下，加水生成 β-羟脂酰 CoA。

（3）再脱氢：β-羟脂酰 CoA 在 β-羟脂酰 CoA 脱氢酶催化下，脱去 β 碳上的 2 个氢原子生成 β-酮脂酰 CoA，脱下的氢由该酶的辅酶 NAD^+ 接受，生成 $NADH + H^+$，后者经电子传递链氧化生成水及 3 分子 ATP。

（4）硫解：β-酮脂酰 CoA 在 β-酮脂酰 CoA 硫解酶催化下，加一分子 CoASH 使碳链断裂，产生乙酰 CoA 和一个比原来少 2 个碳原子的脂酰 CoA。

每经过一次 β-氧化，经过脱氢、水化、再脱氢、硫解四步反应，脂酰 CoA 就少 2 个 C，产生一分子乙酰 CoA，因此 β-氧化是个重复过程。最终，脂酰 CoA 全部转化为乙酰 CoA 为止。

1 分子软脂酸含 16 个碳原子，经 7 次 β-氧化生成 7 分子 $NADH + H^+$，7 分子 $FADH_2$，8 分子乙酰 CoA，共生成：$7 \times 2 + 7 \times 3 + 8 \times 12 = 131$ 分子 ATP，而所有脂肪酸活化均需耗去 2 分子 ATP，故 1 分子软脂酸彻底氧化净生成：$7 \times 2 + 7 \times 3 + 8 \times 12 - 2 = 129$ 分子 ATP。

（四）酮体代谢

1. 酮体的生成

部位：肝细胞线粒体。

原料：脂肪酸分解产生的乙酰 CoA。

关键酶：HMG-CoA 合成酶。

视频 10　脂肪
酸氧化

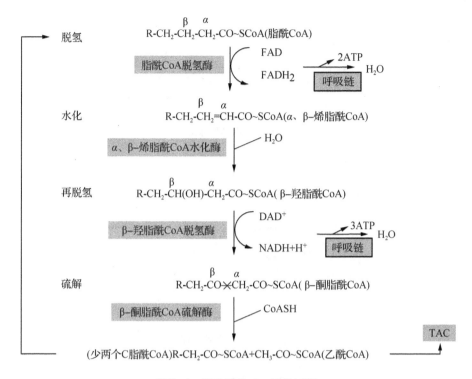

图7-4 脂肪酸的β-氧化过程

脂肪酸在肝外组织生成的乙酰辅酶A能彻底氧化成CO_2和H_2O，而肝脏脂肪酸的氧化却是不完全的，这是因为肝细胞具有活性较强的合成酮体的酶类，β-氧化生成的乙酰辅酶A大都转变为乙酰乙酸、β-羟丁酸和丙酮等中间产物，这三种物质统称为酮体。

酮体在肝细胞线粒体内合成，原料为乙酰辅酶A，反应过程如图7-5所示。肝细胞线粒体含有酮体合成酶系，但氧化酮体的酶活性低，因此肝脏不能利用酮体。酮体代谢特点是肝内生成肝外用。

2. 酮体的氧化利用 酮体的氧化利用主要是在肝外组织，尤以心肌、大脑、骨骼肌、肾脏为主。其中丙酮因具挥发性多从呼吸道呼出或随尿排出体外。乙酰乙酸、β-羟丁酸被氧化生成乙酰辅酶A，继续进行代谢（图7-6）。利用酮体的酶有两种，即琥珀酰CoA转硫酶（主要存在于心、肾、脑和骨骼肌细胞的线粒体中）和乙酰乙酸硫激酶（主要存在于心、肾、脑细胞线粒体中）。

3. 酮体代谢的生理意义 酮体是生理条件下肝脏向外输出能源的形式之一。因为酮体易溶于水，分子较小，易透过血-脑屏障和静止肌肉的毛细血管壁。特别是在饥饿或糖供应不足时，血糖下降，脑组织无法依靠血糖供给能量，主要靠酮体供能。

正常情况下，血中酮体的量很少，浓度保持在 0.03 ~ 0.5 mmol/L。在饥饿、高脂低糖膳食时，酮体的生成增加，当酮体生成超过肝外组织的利用能力时，引起血中酮体升高，出现酮症酸中毒和酮尿症。酮体的肝内生成肝外利用见图7-7。

视频11 酮症酸中毒生化机理分析

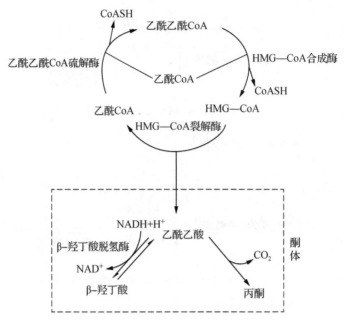

图7-5 酮体生成过程

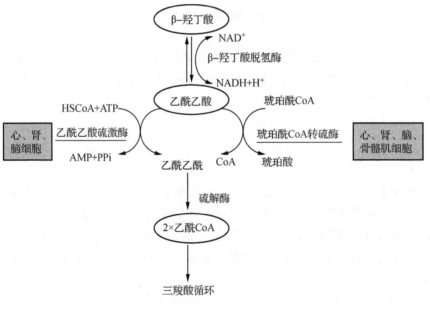

图7-6 酮体的利用

二、脂肪合成代谢

（一）合成部位

组织器官：肝、脂肪组织、小肠，以肝的合成能力最强。

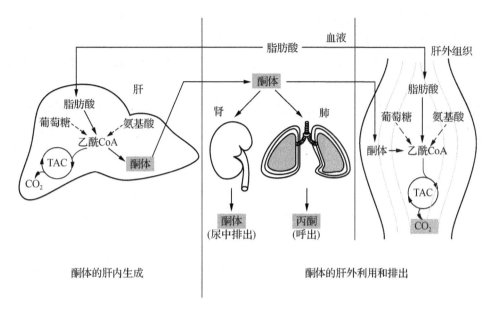

图7-7　酮体的肝内生成肝外用

肝细胞能合成脂肪，但不能储存脂肪。合成后要与载脂蛋白、胆固醇等结合成极低密度脂蛋白，入血运到肝外组织储存或加以利用。若肝合成的甘油三酯不能及时转运，会形成脂肪肝。脂肪细胞是机体合成及储存脂肪的仓库。

亚细胞部位：胞液。

（二）合成过程

合成甘油三酯所需的甘油及脂肪酸主要由葡萄糖代谢提供。其中甘油由糖酵解生成的磷酸二羟丙酮转化而成，脂肪酸由糖氧化分解生成的乙酰 CoA 合成。

1. 3-磷酸甘油的生成　实际上，在甘油和脂肪酸缩合成脂肪时，所需的反应物不是游离的甘油，而是 3-磷酸甘油。3-磷酸甘油的合成有两条途径：磷酸二羟丙酮（糖代谢的中间产物）在 α-磷酸脱氢酶作用下还原得到 3-磷酸甘油；细胞内的甘油经甘油激酶的催化生成 3-磷酸甘油（因脂肪及肌肉组织缺乏甘油激酶，故不能利用游离的甘油）。反应式如下。

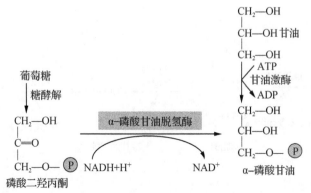

2. 脂肪酸的合成 脂肪酸合成酶系存在于肝、肾、脑、肺、乳腺及脂肪等组织细胞的胞液中。肝是合成脂肪酸最活跃的组织。

合成原料为乙酰 CoA，主要来自糖的氧化分解。同时还需要 NADPH + H$^+$ 供氢和 ATP 供能。

脂肪酸合成时碳链的缩合延长过程是一循环反应过程。每经过一次循环反应（缩合、加氢、脱水、加氢），延长 2 个碳原子。合成反应由脂肪酸合成酶系催化，乙酰 CoA 羧化酶是限速酶。反应式如下。

$$CH_3CO{\sim}CoA + HCO_3^- + H^+ + ATP \xrightarrow[\text{生物素Mn}^{2+}]{\text{乙酰CoA羧化酶}} \begin{matrix} CH_2{-}CO{\sim}CoA \\ | \\ COOH \\ \text{丙二酸单酰CoA} \end{matrix} + ATP + Pi$$

$$CH_3CO{\sim}CoA + 7HOOCCH_2CO{\sim}CoA + 14NADPH + 14H^+ \xrightarrow{\text{脂肪酸合成酶系}}$$
$$CH_3(CH_2)_{14}COOH + 7CO_2 + 14NADP^+ + 8HSCoA + 6H_2O$$

3. 甘油三酯的合成代谢 人体合成甘油三酯是以 α-磷酸甘油和脂酰 CoA 为原料，主要在肝、脂肪组织及小肠细胞内质网中由脂酰基转移酶的催化逐步合成的，α-磷酸甘油酯酰基转移酶是三酰甘油合成的限速酶。

合成过程有两条途径。

（1）甘油一酯途径（小肠黏膜细胞）。反应式如下。

2-单酰甘油　　　　　　　　1,2-甘油二酯　　　　　　　　甘油三酯

（2）甘油二酯途径（肝、脂肪细胞）。反应式如下。

α-磷酸甘油　　　　　磷脂酸　　　　　1,2-甘油二酯　　　　　甘油三酯

任务三　磷脂代谢

一、磷脂概述

磷脂（phosphor lipid）是一类含有磷酸的类脂，按其化学组成不同分为甘油磷脂和鞘磷脂。甘油磷脂以甘油为基本骨架（图7-8），主要有卵磷脂（磷脂酰胆碱）和脑磷脂（磷脂酰乙醇胺），分布广，是体内含量最多磷脂。鞘磷脂以鞘氨醇为基本骨架，主要分布于大脑和神经髓鞘中。

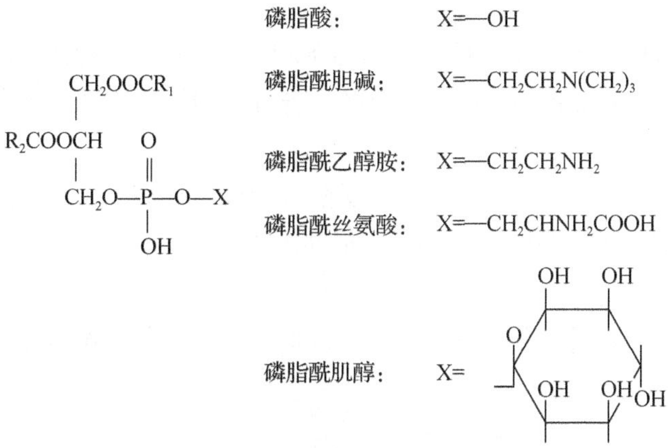

磷脂酸：　　　　　X＝—OH

磷脂酰胆碱：　　　X＝—CH₂CH₂N(CH₂)₃

$$\begin{array}{l} CH_2OOCR_1 \\ | \\ R_2COOCH \qquad O \\ | \qquad\qquad \| \\ CH_2O-P-O-X \\ \qquad\quad | \\ \qquad\quad OH \end{array}$$

磷脂酰乙醇胺：　　X＝—CH₂CH₂NH₂

磷脂酰丝氨酸：　　X＝—CH₂CHNH₂COOH

磷脂酰肌醇：　　　X＝

图 7-8　甘油磷脂的结构与分类

磷脂为两性分子，一端为亲水的含氮或磷的头，另一端为疏水（亲油）的长烃基链。磷脂是生命基础物质。人们已发现磷脂几乎存在于所有机体细胞中，在动植物体重要组织中都含有较多磷脂。磷脂在细胞膜中的排布见图7-9。

磷脂不仅是生物膜结构和血浆脂蛋白的重要组成成分，近年来还发现磷脂在细胞识别和信号转导方面起着十分重要的作用。

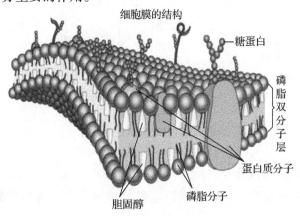

图 7-9　磷脂在细胞膜中的排布

二、磷脂的生理功能

1. 生物膜的重要构成成分（磷脂双分子层）。
2. 必需脂肪酸（亚油酸、亚麻酸、花生四烯酸）的储存库（第二位碳原子）。
3. 在信息传递过程中起重要作用。
4. 在脂类物质的吸收转运中起重要作用。

三、甘油磷脂的代谢与代谢异常

（一）甘油磷脂的合成

1. 合成部位　机体各种组织（除成熟红细胞外）均可进行磷脂合成，但以肝、肾及小肠等组织最为活跃。甘油磷脂的合成在内质网上进行，细胞内质网上含有合成甘油磷脂必需的甘油磷脂合成酶系。

合成甘油磷脂的主要原料是二酰甘油、磷酸、胆碱、胆胺（乙醇胺）、丝氨酸、蛋氨酸等，还需要 ATP、CTP、叶酸和维生素 B_{12} 等辅助因子参加。

2. 合成途径

（1）甘油二酯合成途径（图 7-10）：磷脂酰胆碱及磷脂酰乙醇胺主要通过此途径合成。

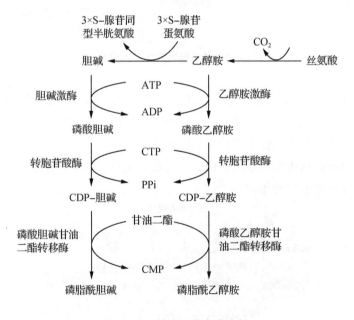

图 7-10　甘油二酯合成途径

（2）CDP - 甘油二酯合成途径（图 7-11）：在心肌、骨骼肌等组织中，磷脂酸可转化为 CDP - 甘油二酯，然后与肌醇、丝氨酸或磷脂酰甘油缩合，生成磷脂酰肌醇、磷脂酰丝氨酸、心磷脂。

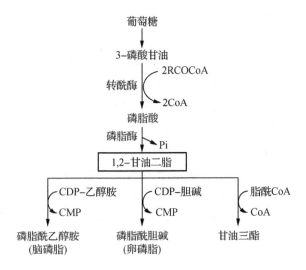

图 7-11 CDP-甘油二酯合成途径

（二）甘油磷脂的分解

甘油磷脂的分解主要是在机体内多种磷脂酶的催化下完成。人体内含有磷脂酶 A_1、A_2、B、C 和 D，它们分别作用于甘油磷脂的不同酯键（图 7-12）。

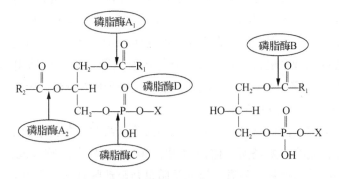

图 7-12 各种磷脂酶的作用部位

甘油磷脂的分解靠存在于体内的各种磷脂酶将其分解为脂肪酸、甘油、磷酸及各种含氮化合物如胆碱、乙醇胺和丝氨酸等，可被再利用或被氧化分解。

（三）甘油磷脂与脂肪肝

甘油三酯在肝内积累超过 2.5%、脂类总量超过 10%，即称脂肪肝。

脂肪肝（fatty liver）是指由于各种原因引起的肝细胞内脂肪堆积过多的病变。脂肪性肝病正严重威胁人们的健康，成为仅次于病毒性肝炎的第二大肝病，已被公认为隐蔽性肝硬化的常见原因。脂肪肝是一种常见的临床现象，而非一种独立的疾病。其临床表现轻者无症状，重者病情凶猛。一般而言，脂肪肝属可逆性疾病，早期诊断并及时治疗常可恢复正常。

正常人的肝内总脂肪量占肝重的 3% ~ 5% 。如果肝中脂肪量超过肝重的 5% ，即为轻度脂肪肝。

食物中脂肪经酶水解并与胆酸盐结合，由肠黏膜吸收，再与蛋白质、胆固醇和磷脂形成乳糜微粒，乳糜微粒进入肝脏后在肝细胞中分解成甘油和脂肪酸。肝细胞内大部分的甘油三酯与载脂蛋白等形成极低密度脂蛋白，并以此形式进入血液循环。若脂肪在肝细胞中蓄积，则会导致脂肪肝。脂类代谢障碍是产生脂肪肝的主要原因。

形成脂肪肝的常见原因如下。

1. 外源摄入的脂类食物过多，肝内脂肪来源过多，例如高糖高热量饮食。

2. 肝功能障碍，氧化脂肪酸的能力减弱，合成、释放脂蛋白的功能降低。

3. 合成磷脂的原料不足，使甘油二酯转变为磷脂的量减少，转而生成甘油三酯。又由于磷脂合成量减少，导致 VLDL 生成障碍，使肝内脂肪输出困难，在肝细胞内堆积，形成脂肪肝。

任务四 胆固醇代谢

胆固醇（cholesterol，Ch）是一种重要的类脂，是甾醇的衍生物，其 C_3 羟基结合脂肪酸形成胆固醇酯（cholesterol ester，CE）。

胆固醇是体内最丰富的固醇类化合物，它既作为细胞生物膜的构成成分，又是类固醇类激素、胆汁酸及维生素 D 的前体物质。因此对于大多数组织来说，保证胆固醇的供给，维持其代谢平衡十分重要。胆固醇广泛存在于全身各组织中，其中约 1/4 分布在脑及神经组织中，占脑组织总重量的 2% 左右。肝、肾及肠等内脏以及皮肤、脂肪组织亦含较多的胆固醇，每 100 g 组织中含 200 ~ 500 mg，以肝为最多，而肌肉中较少，肾上腺、卵巢等组织胆固醇含量可高达 1% ~ 5% ，但总量很少。

机体内胆固醇来源于食物及自身合成。成年人除脑组织外各种组织都能合成胆固醇，其中肝脏和肠黏膜是合成的主要场所。体内胆固醇 70% ~ 80% 由肝脏合成，10% 由小肠合成。其他组织如肾上腺皮质、脾脏、卵巢、睾丸及胎盘乃至动脉管壁，也可合成胆固醇。胆固醇的合成主要在细胞的胞浆和内质网中进行。胆固醇和胆固醇酯的结构如图 7-13 所示。

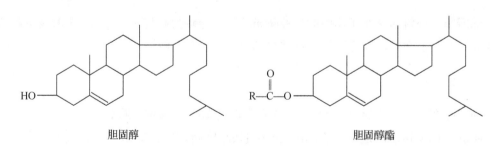

胆固醇   胆固醇酯

图 7-13 胆固醇和胆固醇酯的结构

一、胆固醇的生物合成

（一）合成部位

成人除脑组织及红细胞外，几乎全身各组织均能合成胆固醇，每天可合成 1~1.5 g，其中肝脏合成能力最强，占合成总量的70%~80%，其次是小肠，约占总量的10%。胆固醇合成酶系存在于胞液及内质网，因此胆固醇的合成主要在胞液及内质网上进行。

（二）合成原料

合成胆固醇的主要原料为乙酰COA，由NADPH供氢，ATP供能。乙酰COA和ATP主要来自于糖的有氧氧化，NADPH来自于糖的磷酸戊糖途径，因此糖是胆固醇合成原料的主要来源。

（三）合成过程

胆固醇的合成一般分为以下3个阶段（图7-14）。

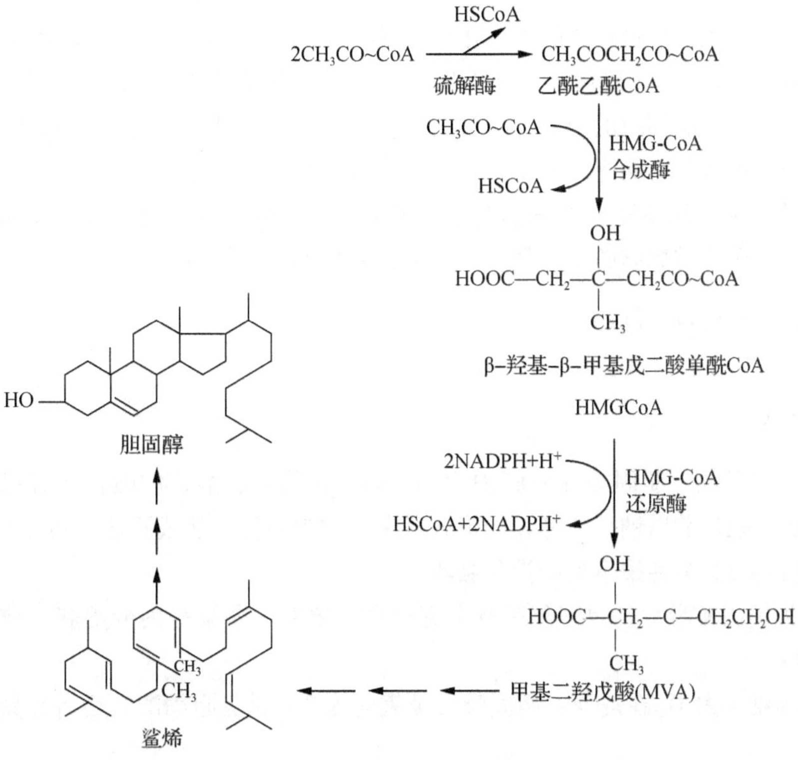

图7-14 胆固醇合成过程

1. 甲基二羟戊酸（MVA）的合成 2分子乙酰CoA经硫解酶催化缩合生成乙酰乙酰CoA，由HMG-CoA合成酶催化结合1分子乙酰CoA，生成HMG-CoA，在HMG-CoA还原酶的作用下，由 NADPH + H⁺ 供氢，还原生成甲基二羟戊酸。HMG-CoA 还原酶是合成胆固醇的限速酶。

2. 鲨烯的合成　MVA 经磷酸化、脱羧、异构化，再缩合生成含 30 个碳的鲨烯，反应由 ATP 提供能量。

3. 胆固醇的合成　鲨烯经内质网环化酶和加氧酶催化生成羊毛脂固醇，后者再经脱甲基、移动及还原双键等多步反应最后生成胆固醇。

（四）胆固醇合成调节

HMG-COA 还原酶是胆固醇合成的限速酶，各种因素对胆固醇合成的调节，主要是通过对 HMG-COA 还原酶的活性及合成量的影响来实现的。

1. 饥饿与饱食　饥饿与禁食可抑制肝合成胆固醇。肝 HMG-CoA 还原酶合成减少，酶活性降低，并且乙酰 CoA、ATP、NADPH + H⁺ 等原料不足是肝胆固醇合成减少的重要原因。

摄取高糖、高饱和脂肪饮食后，HMG-CoA 还原酶活性升高，促进胆固醇合成。

2. 食物胆固醇　食物胆固醇可反馈抑制肝 HMG-CoA 还原酶的活性，从而抑制肝胆固醇的合成。相反，降低食物胆固醇量，可解除胆固醇对肝中 HMG-CoA 还原酶的抑制作用，促进胆固醇合成。但食物胆固醇不能抑制小肠黏膜细胞合成胆固醇。

3. 激素　胰岛素、甲状腺素能诱导肝 HMG-CoA 还原酶的合成，从而增加胆固醇的合成。胰高血糖素、皮质醇则能抑制并降低 HMG-CoA 还原酶的活性，因而减少胆固醇的合成。

甲状腺素能促进胆固醇的合成外，同时又促进胆固醇在肝脏转变为胆汁酸，且后一作用较前者强，因而甲状腺功能亢进时患者血清胆固醇含量反而下降。

4. 游离脂肪酸　游离脂肪酸能诱导肝 HMG-CoA 还原酶的合成，从而增加胆固醇的合成。运动可降低血浆游离脂肪酸含量，从而使胆固醇的合成减少。

二、胆固醇的转化与排泄

（一）转化

1. 转化为胆汁酸　胆固醇在肝脏中 75% ~ 80% 转化为胆酸，胆酸再与甘氨酸或牛磺酸结合成胆汁酸。胆汁酸以钠盐或钾盐的形式存在，称为胆汁酸盐或胆盐。胆汁酸随胆汁排入肠道，促进脂类及脂溶性维生素的消化吸收。

2. 转化为类固醇激素　胆固醇是肾上腺皮质、睾丸、卵巢等内分泌腺合成及分泌类固醇激素的原料。

3. 转化为维生素 D₃　在皮肤，胆固醇可被氧化为 7 - 脱氢胆固醇，后者经紫外线照射转变为维生素 D₃。

（二）排泄

体内小部分胆固醇也可经胆汁或通过肠黏膜排入肠道。进入肠道的胆固醇一部分被吸，另一部分则被肠菌还原转变成粪固醇，随粪便排出。

任务五　血脂与血浆脂蛋白

一、血脂

血浆中的脂类物质统称血脂，主要包括三酰甘油、磷脂、胆固醇及其酯和游离脂肪酸等。血脂的来源有2个方面：一个是外源性，从食物摄取的脂类经消化吸收进入血液。二是内源性，由肝、脂肪组织等合成后释放进入血液。血脂在脂类的运输和代谢上起着重要作用。血脂只占体重的0.04%，其含量受到饮食、营养、疾病、年龄、性别、运动及代谢等因素的多重影响，是临床上了解患者脂类代谢情况的一个重要窗口，临床上用于高脂血症、动脉硬化及冠心病的辅助诊断。血脂水平受膳食、等因素影响，波动范围较大。正常成人空腹血脂组成及含量表7-1。

表7-1　正常成人空腹血脂组成及含量

组成	血浆含量参考值 mmol/L（mg/L）
三酯酰甘油	0.11～1.69（10～150）
总胆固醇	2.59～6.47（100～250）
胆固醇酯	1.81～5.17（70～200）
游离胆固醇	1.03～1.81（40～70）
磷脂	48.44～80.73（150～250）
游离脂肪酸	0.20～0.78（5～20）

二、血浆脂蛋白

（一）血浆脂蛋白的分类

1. 密度分类法　密度分类法是根据各种脂蛋白在一定密度的介质中进行离心时，因漂浮速率不同而进行分离的方法，可依次将不同密度的脂蛋白分开。通常可将血浆脂蛋白分为乳糜微粒（CM）、极低密度脂蛋白（VLDL）、低密度脂蛋白（LDL）和高密度脂蛋白（HDL）等四大类。超速离心法分离血浆脂蛋白见图7-15，显微镜下各血浆脂蛋白的形态见图7-16。

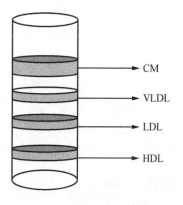

图7-15　超速离心法分离血浆脂蛋白示意图

2. 电泳法　不同脂蛋白表面所带电荷不同，在一定外加电场作用下，其电泳迁移率不同。按移动速度的快慢可以将血浆脂蛋白分为四条区带，即α-脂蛋白、前β-脂蛋白、β-脂蛋白和乳糜微粒见图7-17。

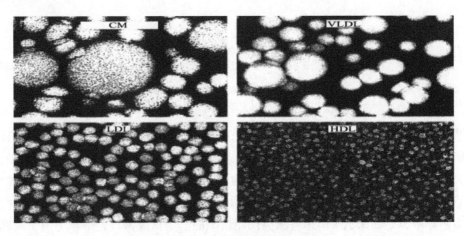

图7-16 显微镜下各血浆脂蛋白的形态

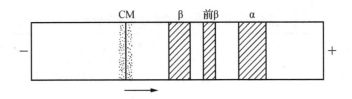

图7-17 脂蛋白电泳示意图

（二）血浆脂蛋白的组成特点及功能

血浆脂蛋白主要由蛋白质、甘油三酯、磷脂、胆固醇及胆固醇酯组成。各类脂蛋白都含有这些成分，但其组成及含量存在差异。其中 CM 中甘油三酯含量最高，占 90% 以上。VLDL 中甘油三酯是主要成分，占 50% ~ 70%。LDL 中胆固醇及其酯含量最多，约占 50%。HDL 中蛋白质含量最高，高达 50%。各种脂蛋白的密度大小与其组成中的蛋白质比例见表7-2。

表7-2 血浆脂蛋白的分类、组成特点及生理功能

电泳分类法	CM	preβ-LP	β-LP	α-LP
密度分类法	CM	VLDL	LDL	HDL
密度	<0.95	0.95 ~ 1.006	1.006 ~ 1.063	1.063 ~ 1.210
颗粒直径（nm）	80 ~ 500	25 ~ 80	20 ~ 25	7.5 ~ 10
组成				
蛋白质	0.0 ~ 2	5 ~ 10	20 ~ 25	50
脂类	98 ~ 99	90 ~ 95	75 ~ 80	50
三酰甘油	80 ~ 95	50 ~ 70	10	5
胆固醇及酯	4 ~ 5	15 ~ 19	48 ~ 50	20 ~ 22

续表

磷脂	5～7	15	20	25
载脂蛋白	B48，C1，C2 C3，A1，A2	C1，C2，C3 B100，E	B100	A1，A2，C1 C2，C3，D，E
合成部位	小肠黏膜细胞	肝细胞	血浆	肝、肠
生理功能	转运外源性 三酰甘油	转运内源性 三酰甘油	转运胆固醇到 肝外组织	转运肝外胆固醇 至肝内代谢

（三）血浆脂蛋白的代谢

1. 乳糜微粒　乳糜微粒的生理功能是转运外源性脂类。

乳糜微粒是在小肠黏膜细胞中生成的，食物中的脂类在细胞滑面内质网上经再酯化后与粗面内质网上合成的载脂蛋白构成新生的（nascent）乳糜微粒（包括甘油三酯、胆固醇酯和磷脂等），经高尔基复合体分泌到细胞外，进入淋巴循环最终进入血液。可见，CM 代谢的主要功能就是将外源性甘油三酯转运至脂肪、心和肌肉等肝外组织而利用，同时将食物中的外源性胆固醇转运至肝脏。

2. 极低密度脂蛋白　极低密度脂蛋白主要在肝脏内生成，VLDL 主要成分是肝细胞利用糖和脂肪酸自身合成的甘油三酯，与肝细胞合成的载脂蛋白加上少量磷脂和胆固醇及其酯组成的一种脂蛋白。小肠黏膜细胞也能生成少量的 VLDL。极低密度脂蛋白生理功能主要是运输内源性甘油三酯。

3. 低密度脂蛋白　低密度脂蛋白由 VLDL 转变而来，是正常成人空腹血浆中的主要脂蛋白，约占血浆脂蛋白质的 2/3。含有丰富的胆固醇及其酯。其主要生理功能是将肝脏合成的内源性胆固醇运到肝外组织，血浆 LDL 升高者易发生动脉粥样硬化。

4. 高密度脂蛋白　高密度脂蛋白主要是由肝脏合成。它是由载脂蛋白、磷脂、胆固醇和少量脂肪酸组成。高密度脂蛋白颗粒小，可以自由进出动脉管壁，可以摄取血管壁内膜底层沉浸下来的低密度脂蛋白、胆固醇、甘油三酯等有害物质，转运到肝脏进行分解排泄。

高密度脂蛋白运载周围组织中的胆固醇，再转化为胆汁酸或直接通过胆汁从肠道排出，动脉造影证明高密度脂蛋白胆固醇含量与动脉管腔狭窄程度呈显著的负相关。所以高密度脂蛋白是一种抗动脉粥样硬化的血浆脂蛋白，是冠心病的保护因子，俗称"血管清道夫"。近来，众多的科学研究证明，HDL 是一种独特的脂蛋白，具有明确的抗动脉粥样硬化的作用，可以将动脉粥样硬化血管壁内的胆固醇"吸出"，并运输到肝脏进行代谢清除。因此，HDL具有"抗动脉粥样硬化性脂蛋白"的美称。

三、常见的脂蛋白代谢异常

（一）高脂血症

空腹时血浆中的脂类有一种或多种高于正常参考值上限，称为高脂血症（hyperlipidaemia，HLP），又称高脂蛋白血症。正常人上限标准因地区、膳食、年龄、劳动状况、职业及测定方法不同而有差异。一般以成人空腹 $12 \sim 14$ h 甘油三酯超过 2.26 mmol/L，胆固醇超过 6.21 mmol/L，儿童胆固醇超过 4.14 mmol/L，为高脂血症标准。

高脂血症按发病原因可分为以下两类。

1. 原发性　它属于遗传性脂代谢紊乱疾病。

2. 继发性　其继发于糖尿病、甲状腺功能减退症、肝肾病变等疾病。

（二）动脉粥样硬化

动脉粥样硬化（atherosclerosis，AS）是一类动脉壁退行性病理变化。其病理基础之一是大量脂质和复合糖类积聚在大、中动脉内膜上形成黄色粥样斑块，引起局部坏死，纤维组织增生及钙质沉着，从而导致血管腔狭窄。冠状动脉若发生这种变化，常引起心肌缺血，导致冠状动脉粥样硬化性心脏病，称为冠心病。研究表明，动脉粥样硬化的发展过程与血浆脂蛋白代谢关系密切。血浆中 LDL 的浓度水平与 AS 的发病率呈正相关，而 HDL 的浓度水平与 AS 的发病率呈负相关。在判断患冠心病的风险时，临床上常检测血浆 HDL - 胆固醇与 LDL - 胆固醇的比值，若二者比值下降则提示患病风险较高。

（三）脂肪肝

正常人肝中脂类含量约占肝重的 5%，其中磷脂约占 3%，三酰甘油约占 2%。如果肝中脂类含量超过 10%，且主要是三酰甘油堆积，组织学上证实肝实质细胞脂肪化超过 30% 时即为脂肪肝。

目标检测

视频12　血脂
代谢异常与
相关疾病

一、选择题

1. 下列哪种物质不属于类脂？（　　）

A. 甘油三酯

B. 卵磷脂

C. 糖脂

D. 胆固醇

E. 脑磷脂

2. 血浆中脂类物质的运输载体是（　　）

A. 球蛋白

B. 脂蛋白

C. 糖蛋白

D. 核蛋白

E. 血红蛋白

3. 下列属于必需脂肪酸的是（　　）

A. 软脂酸

B. 油酸

C. 亚油酸

D. 二十碳脂肪酸

E. 硬脂酸

4. 甘油三酯的主要功能是（ ）

A. 构成生物膜的成分

B. 体液的主要成分

C. 储能供能

D. 构成神经组织的成分

E. 是遗传物质

5. 下列哪种化合物不是血脂的主要成分？（ ）

A. 甘油三酯

B. 磷脂

C. 游离脂肪酸

D. 糖脂

二、简答题

1. 简述各类血浆脂蛋白的主要成分和功能。

2. 简述血脂的来源和去路。

3. 机体能否利用葡萄糖作为原料合成脂肪？试述其合成过程。

4. 何谓血脂？血脂包含哪些成分？其以何种形式在血浆中运输？

三、拓展题

1. 扮演护士，向患者解读血脂检测报告单，就各项指标的生化意义，正常范围等对患者及家属进行解释。

2. 血脂是否越低越健康？人体内脂类物质是否越少越好？谈谈你对以上问题的看法。

选择题答案

1	2	3	4	5
A	B	C	C	D

项目八 蛋白质代谢

思维导图

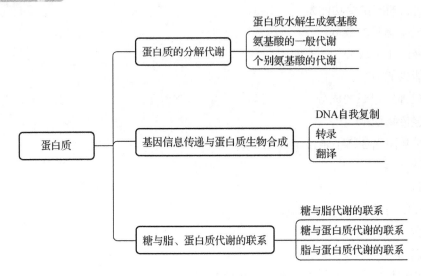

案例导入

某患，男性，45 岁，反复发作性昏迷半年。每次发病前均有进食高蛋白食物史但未引起重视。此次入院肝功能检查结果如下：血清蛋白：38.2 g/L，球蛋白：27.4 g/L，总胆红素：15.2 μmol/L，血氨：150 μmol/L。

问题思考:

从生化角度探讨发病机制?

蛋白质是机体的重要组成成分,是生命的物质基础,其重要作用是其他物质无法取代的。

氨基酸是蛋白质基本组成单位,所以氨基酸代谢是蛋白质分解代谢的中心内容。

任务一 蛋白质的分解代谢

一、蛋白质水解生成氨基酸

食物中的蛋白质进入体内后,在胃、小肠和肠黏膜细胞中经一系列酶的催化,分解成氨基酸和小分子肽,这个过程称为蛋白质的消化。

通过消化吸收食物得到的氨基酸称为外源性氨基酸,由机体通过自身分解或合成产生的氨基酸称为内源性氨基酸,外源性氨基酸和内源性氨基酸共同构成了机体的氨基酸代谢库。

蛋白质水解形成氨基酸后在体内的代谢包括 2 个方面:一方面主要用以合成机体自身所特有的蛋白质、多肽及其他含氮物质;另一方面可通过脱氨作用,转氨作用,联合脱氨或脱羧作用,分解成 α - 酮酸、胺类及二氧化碳。氨基酸分解所生成的 α - 酮酸可以转变成糖、脂类或再合成某些非必需氨基酸,也可以经过三羧酸循环氧化成二氧化碳和水,并释放能量。氨基酸代谢概况见图 8-1。

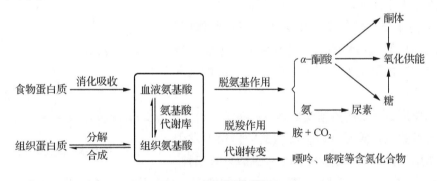

图 8-1 氨基酸代谢概况

氨基酸的分解代谢主要包括氨基酸的一般代谢和个别氨基酸的代谢。

二、氨基酸的一般代谢

氨基酸分解代谢的主要途径是脱氨基作用,产物是 α - 酮酸和氨。

(一)氨基酸的脱氨基方式

脱氨基作用有氧化脱氨作用,转氨基作用,联合脱氨基作用和嘌呤核苷循环等方式。其中以联合脱氨基最为重要，氧化脱氨基作用普遍存在于动植物细胞中。动物的脱氨基作用主要在肝脏进行。

1. 氧化脱氨基作用　氨基酸在氨基酸氧化酶的作用下生成氨和 α – 酮酸的过程（图8-2）。

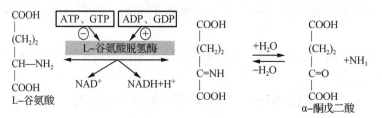

图 8–2　氧化脱氨基作用

反应包括两步：先脱 H 生成亚氨基酸，然后自发加水生成 NH_3。

催化氧化脱氨基的酶有氨基酸氧化酶和 L – 谷氨酸脱氢酶。L – 氨基酸氧化酶活性不高，在组织器官中分布局限，多数时候，会通过转氨基作用，把 NH_3 转移给 α – 酮戊二酸生成谷氨酸，在 L – 谷氨酸脱氢酶催化下发生氧化脱氨基作用。L – 谷氨酸脱氢酶是以 NAD^+（或 $NADP^+$）为辅酶的不需氧脱氢酶，活性强，专一性强，只作用于谷氨酸，广泛存在于哺乳动物的肝、肾和脑等组织中，催化的反应是可逆的。

L – 谷氨酸脱氢酶为变构酶，GDP 和 ADP 为其变构激活剂，ATP 和 GTP 为其变构抑制剂。

当 L – 谷氨酸浓度高时，则向分解方向进行。由于 L – 谷氨酸脱氢酶的底物仅限于 L – 谷氨酸，因此不是体内理想的脱氨基过程。

2. 转氨基作用　转氨基作用又叫氨基转移作用，在转氨酶的催化下氨基酸的氨基转移到 α – 酮酸的酮基上，生成相应的氨基酸，而氨基酸生成相应的 α – 酮酸（图8-3）。

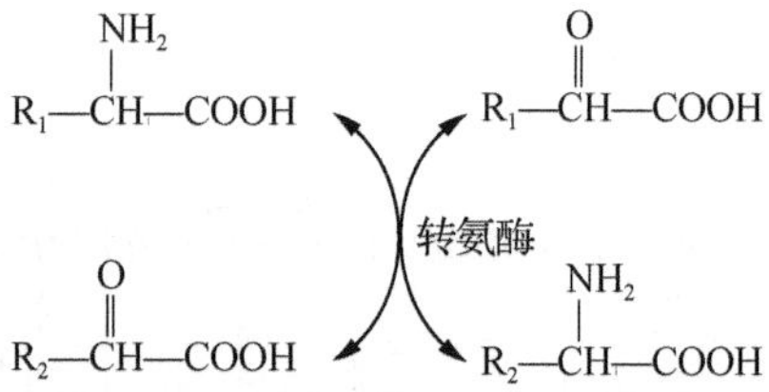

转氨基作用最重要的氨基受体是 α – 酮戊二酸。

体内大多数氨基酸都可以在转氨酶的作用下发生氨基转移作用，但是能接受氨基的 α – 酮酸只有三种：

图 8–3　转氨基作用

丙酮酸、α – 酮戊二酸、草酰乙酸。转氨酶种类多，分布广泛，其中以丙氨酸氨基转移酶（ALT）和天冬氨酸氨基转移酶（AST）最为重要。它们在体内主要分布于肝、肾、心肌和骨骼肌等组织细胞中。催化的反应如下。

$$丙氨酸 + α – 酮戊二酸 \underset{}{\overset{ALT}{\rightleftharpoons}} 丙酮酸 + 谷氨酸$$

$$天冬氨酸 + α – 酮戊二酸 \underset{}{\overset{AST}{\rightleftharpoons}} 草酰乙酸 + 谷氨酸$$

转氨酶属于细胞内酶，通常情况下它主要在细胞内活动，极少进入血液，因此血液中的转氨酶活性一般较低。但是，当组织细胞受损时，细胞膜通透性增加、细胞破裂，大量转氨酶有可能进入血液中，从而导致血液中的转氨酶活性升高。临床上，血清中的转氨酶活性可作为疾病诊断和预后的参考指标，如急性肝炎患者的血清中 ALT 的活性显著增高，心肌梗死患者的血清中 AST 的活性显著增高。

3. 联合脱氨基作用 联合脱氨基作用是指转氨基作用和谷氨酸氧化脱氨基作用相偶联。

L－谷氨酸脱氢酶主要分布于肝、肾、脑等组织中，而 α－酮戊二酸参加的转氨基作用普遍存在于各组织中，所以此种联合脱氨主要在肝、肾、脑等组织中进行。联合脱氨反应是可逆的，是体内合成营养非必需氨基酸的主要途径（图 8-4）。

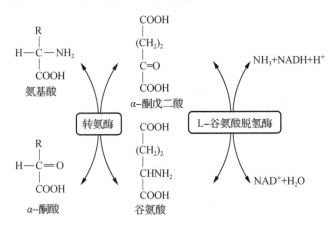

图 8-4 转氨酶与谷氨酸脱氢酶的联合脱氨基作用

其特点如下。

（1）联合脱氨基作用的顺序一般先进行转氨基作用，之后再进行氧化脱氨基。

（2）转氨基作用的受体是 α－酮戊二酸，只有 α－酮戊二酸接受氨基，才能生成谷氨酸，才可被 L－谷氨酸脱氢酶作用进行氧化脱氨基。

（3）主要在肝、肾、脑组织中进行。

4. 嘌呤核苷酸循环 嘌呤核苷酸循环指骨骼肌和心肌中存在的一种氨基酸脱氨基作用方式，即转氨耦联 AMP 循环脱氨作用。

骨骼肌和心肌中 L－谷氨酸脱氢酶活性很低，氨基酸不能通过联合脱氨基作用脱去氨基，但可以通过转氨基反应加嘌呤核苷酸循环联合脱去氨基，这种方式称为嘌呤核苷酸循环。转氨基作用中生成的天冬氨酸与次黄嘌呤核苷酸（IMP）作用生成腺苷酸代琥珀酸，后者在裂解酶作用下生成延胡索酸和腺嘌呤核苷酸，腺嘌呤核苷酸在腺苷酸脱氨酶作用下脱掉氨基又生成 IMP 的过程．这一代谢途径不仅把氨基酸代谢与糖代谢、脂代谢联系起来，也把氨基酸代谢与核苷酸代谢联系起来（图 8-5）。

（二）氨的代谢

1. 体内氨的来源

（1）组织中氨基酸的脱氨基作用：体内各组织中的氨基酸经过脱氨基作用脱下的氨是组织中氨的主要来源。组织中氨基酸经脱羧反应生成胺，再经单胺氧化酶或二胺氧化酶作用生成游离氨和相应的醛，这是组织中氨的次要来源。膳食中蛋白质过多时，这一部分氨的生成量也增多。

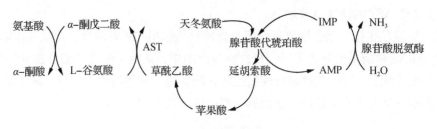

图 8-5　嘌呤核苷酸循环

（2）肠道吸收：肠道中氨的来源主要有 2 个。一是食物蛋白质经肠道腐败作用产生的氨；二是血液中尿素渗入肠道后水解产生的氨。肠道中的氨可被吸收进入血液，这是血氨的主要来源（图 8-6）。

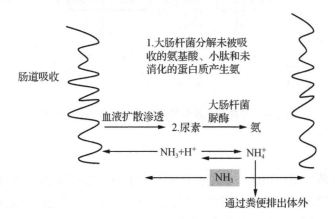

图 8-6　肠道中氨的吸收

（3）肾小管上皮细胞分泌：血液中的谷氨酰胺流经肾脏时，可被肾小管上皮细胞中的谷氨酰胺酶分解生成谷氨酸和氨（图 8-7）。

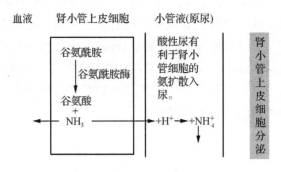

图 8-7　肾小管上皮细胞分泌

肾小管上皮细胞中的氨有两条去路：一个是与 H^+ 结合成为 NH_4^+ 随尿液排出体外；另一个是被重新吸收进入血液，是血氨的又一来源。

（4）其他来源：胺类、嘌呤、嘧啶等其他含氮物质也可以通过分解代谢产生少量的氨。

2. 体内氨的去路

（1）合成尿素（肝）（鸟氨酸循环）。

反应部位：尿素生成的主要器官肝脏。

早在 1932 年，德国学者 Krebs 首次提出了鸟氨酸循环学说（图 8-8）。Krebs 一生提出 2 个循环学说。1953 年因发现三羧酸循环而获得诺贝尔医学奖。

反应过程如下。

①氨基甲酰磷酸的合成：NH_3、CO_2 和 H_2O 在肝细胞线粒体的中，通过 Mg^{2+}、ATP 及 N－乙酰谷氨酸作用，并由氨基甲酰磷酸合成酶 I（CPS-I）催化生成氨基甲酰磷酸。

$$CO_2 + NH_3 + H_2O + 2ATP \xrightarrow[\text{Mg}^{2+},\ \text{N-乙酰谷氨酸}]{\text{氨基甲酰磷酸合成酶 I}}$$

$$\longrightarrow HN_2-COO\sim PO_3H_2 + 2ADP + Pi$$

②瓜氨酸的生成：在鸟氨酸氨基甲酰转移酶（OCT）的催化下，氨基甲酰磷酸将甲酰基转移给鸟氨酸生成瓜氨酸。此反应不可逆。其中，鸟氨酸经胞液进入线粒体，反应结束后瓜氨酸再由线粒体回到胞液中。

③精氨酸代琥珀酸的合成：在胞液中由精氨酸代琥珀酸合成酶催化瓜氨酸的脲基与天冬氨酸的氨基缩合生成精氨酸代琥珀酸，从而获得尿素分子中的第二个氮原子。此反应由 ATP 供能。

④精氨酸的生成：精氨酸代琥珀酸在精氨酸代琥珀酸裂解酶催化下，裂解生成精氨酸和延胡索酸。上述反应中生成的延胡索酸可经三羧酸循环的中间步骤生成草酰乙酸，再经谷草转氨酶催化转氨作用重新生成天冬氨酸。由此，通过延胡索酸和天冬氨酸，三羧酸循环与尿

素循环联系起来。

$$NH_2\text{-}C(=N)\text{-}NH\text{-}(CH_2)_3\text{-}CH(NH_2)\text{-}COOH \quad (精氨酸代琥珀酸)$$

精氨酸代琥珀酸 —精氨酸代琥珀酸裂解酶→ 精氨酸 + 延胡索酸

精氨酸代琥珀酸　　　　　　　　　　　　　　　精氨酸　　延胡索酸

⑤尿素的生成：精氨酸在精氨酸酶催化下，水解生成尿素和鸟氨酸，鸟氨酸再进入线粒体参与下一个循环。

精氨酸 —精氨酸酶→ 尿素 + 鸟氨酸

精氨酸　　　　　　　　　　尿素　　　鸟氨酸

总反应式为：

$$2NH_3 + CO_2 + 3ATP + 3H_2O \longrightarrow CO\left[NH_2\right]_2 + 2ADP + AMP + 2Pi + PPi$$

总反应过程见图 8-8。

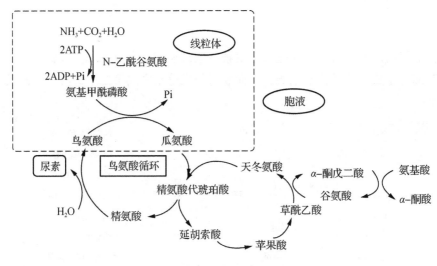

图 8-8　鸟氨酸循环

（2）合成谷氨酰胺：在心、脑、肌肉等组织中，广泛地存在着谷氨酰胺合成酶，它们能催化氨和谷氨酸合成谷氨酰胺，反应由 ATP 提供能量。谷氨酰胺的生成不仅参与蛋白质的生物合成，而且也是体内储氨、运氨及解除氨毒的主要方式。

（3）合成其他含氮化合物：氨可以参与合成非必要氨基酸、核苷酸等其他含氮化合物。

3. 高氨血症与肝性脑病 氨基酸代谢产物氨对机体来说是一种有毒的物质，特别是对神经系统毒害作用尤为明显。正常人血氨浓度不超过 60 μmol/L。

正常生理情况下，血氨的来源和去路保持动态平衡，血氨水平相对较低。维持血氨较低浓度的关键是尿素的循环合成。当肝功能严重损伤时，尿素循环发生障碍导致血氨浓度升高，称为高氨血症。同时，大量的氨进入脑组织与 α-酮戊二酸结合生成谷氨酸，谷氨酸又与氨进一步结合生成谷氨酰胺，从而使 α-酮戊二酸和谷氨酸减少，三羧酸循环减弱，使脑组织中 ATP 生成减少，致使大脑功能不足，引起大脑功能障碍，严重时发生昏迷。因为昏迷源于肝功能严重受损，所以称之为肝性脑病。

（三）α-酮酸的代谢

1. 合成非必需氨基酸 α-酮酸经转氨基作用或联合脱氨基作用的逆反应，可以合成相应的非必需氨基酸。八种必需氨基酸中，除赖氨酸和苏氨酸外其余六种亦可由相应的 α-酮酸加氨生成。但和必需氨基酸相对应的 α-酮酸不能在体内合成，所以必需氨基酸依赖于食物供应。

2. 转变成糖或脂肪 多数氨基酸脱去氨基后生成 α-酮酸。某些 α-酮酸经糖异生途径转变为糖；某些 α-酮酸则转变成乙酰 CoA 或乙酰乙酸，进而转变成酮体或脂肪。

亮氨酸、赖氨酸为生酮氨基酸，异亮氨酸、苏氨酸、色氨酸、苯丙氨酸和酪氨酸为生糖兼生酮氨基酸，其余氨基酸均为生糖氨基酸（表 8-1）。

表 8-1 氨基酸生糖或生酮性质的分类

类别	氨基酸
生糖氨基酸	甘氨酸、丝氨酸、缬氨酸、组氨酸、精氨酸、羟脯氨酸、丙氨酸、谷氨酸、谷氨酰胺、蛋氨酸、天冬氨酸、天冬酰胺、脯氨酸、半胱氨酸
生酮氨基酸	亮氨酸、赖氨酸
生糖兼生酮氨基酸	异亮氨酸、苯丙氨酸、酪氨酸、苏氨酸、色氨酸

3. 氧化供能 氧化生成 CO_2 和水并释放能量是 α-酮酸的重要去路之一。α-酮酸通过一定的反应途径，转变成丙酮酸、乙酰 CoA 或三羧酸循环的中间产物如草酰乙酸、α-酮戊二酸等，再经过三羧酸循环彻底氧化，生成 CO_2 和水并且释放能量。三羧酸循环将氨基酸代谢与糖代谢、脂肪代谢紧密联系起来。

三、个别氨基酸的代谢

（一）氨基酸的脱羧基作用

氨基酸经脱羧基产物是胺及 CO_2，胺是一种生理活性物质。

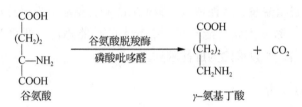

1. γ – 氨基丁酸　γ – 氨基丁酸（GABA）是一种仅见于中枢神经系统的抑制性神经递质，是抑制性神经递质。

$$\begin{array}{c} COOH \\ | \\ (CH_2)_2 \\ | \\ C-NH_2 \\ | \\ COOH \end{array} \xrightarrow[\text{磷酸吡哆醛}]{\text{谷氨酸脱羧酶}} \begin{array}{c} COOH \\ | \\ (CH_2)_2 \\ | \\ CH_2NH_2 \end{array} + CO_2$$

谷氨酸　　　　　　　　　　　　　　　　　　　γ–氨基丁酸

γ – 氨基丁酸对中枢神经有抑制作用。临床上对于惊厥和妊娠呕吐的患者常常使用维生素 B_6 治疗，其机制就在于提高脑组织内谷氨酸脱羧酶的活性，使 GABA 生成增多，增强中枢抑制作用。γ – 氨基丁酸由谷氨酸脱羧基生成，催化此反应的酶是谷氨酸脱羧酶。此酶在脑、肾组织中活性很高。

2. 组胺　组胺广泛存在于乳腺、肺、肝、肌肉及胃黏膜中，主要由肥大细胞产生并贮存。它是一种强烈的血管舒张剂，能增加毛细血管的通透性；组胺还可刺激胃蛋白酶和胃酸的分泌，常被用于胃分泌功能的研究。组胺由组氨酸脱羧生成，催化此反应的酶是组氨酸脱羧酶。

$$\underset{\text{组氨酸}}{\begin{array}{c} CH_2CHCOOH \\ | \\ NH_2 \end{array}} \xrightarrow[\text{磷酸吡哆醛}]{\text{组氨酸脱羧酶}} \underset{\text{组胺}}{CH_2CH_2NH_2}$$

3. 5 – 羟色胺　5 – 羟色胺（5-HT）又称血清素，广泛分布于小肠、血小板、乳腺细胞中，在脑组织中含量最高。血清素是一种抑制性神经递质，与人的镇静、镇痛和睡眠有关。在外周组织中，5-HT 具有强烈的收缩血管作用。在机体内，色氨酸首先在色氨酸羟化酶作用下生成 5 – 羟色氨酸，后者再经脱羧酶作用生成 5 – 羟色胺。

$$\text{色氨酸} \xrightarrow{\text{色氨酸羟化酶}} \text{5–羟色氨酸} \xrightarrow[\searrow CO_2]{\text{5–羟色氨酸脱羧酶}} \text{5–羟色氨}$$

4. 多胺　多胺是一类长链的脂肪族胺类，分子中含有多个氨基或亚氨基。腐胺、精脒和精胺总称为多胺。

多胺是调节细胞生长的重要物质。存在于精液及细胞核糖体中，在生长旺盛的组织中，如胚胎、再生肝及癌组织中，多胺含量较高，其限速酶鸟氨酸脱羧酶活性较强。临床上将血或尿中多胺含量作为肿瘤诊断的辅助指标。

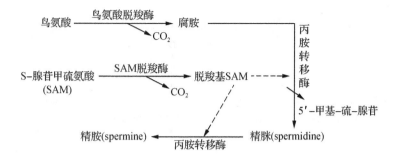

（二）一碳单位的代谢

1. 概念　一碳单位是指某些氨基酸在分解代谢中产生的含有一个碳原子的基团。包括甲基（—CH_3）、甲酰基（—CHO）、亚氨甲基（—CH＝NH）、甲烯基（—CH_2—）、甲炔基（—CH＝）。一碳单位是合成核苷酸的重要材料。在体内主要以四氢叶酸为载体。

一碳单位具有以下 2 个特点：①不能在生物体内以游离形式存在；②必须以四氢叶酸为载体。

一碳单位共价连接于 FH_4 分子的 N^5、N^{10} 位上，FH_4 携带一碳单位的形式及其化学结构如下。

2. 一碳单位来源　体内的一碳单位重要来源于丝氨酸、甘氨酸、甲硫氨酸、色氨酸、组氨酸的分解代谢，它们之间能够相互转换（图 9-9）。

3. 一碳单位的生理意义

（1）一碳单位是合成嘌呤和嘧啶的原料：一碳单位参与核苷酸、核酸的合成。此外，它还参与体内多种重要物质的合成，如肾上腺素、胆碱、胆酸等。

（2）提供甲基，合成重要化合物。

（3）直接参与 S－腺苷蛋氨酸（SAM）生物合成，为激素、核酸、磷脂等合成提供甲基。

（4）为新药设计密切相关。

一碳单位代谢障碍可以造成某些病理情况，如由于叶酸、维生素 B_{12} 缺乏造成一碳单位运转障碍，可直接影响造血组织 DNA 合成，引起巨幼红细胞性贫血。磺胺药及某抗癌药（甲氨蝶呤等）可通过干扰细菌及瘤细胞中叶酸、四氢叶酸的合成，进而影响核酸合成而发挥药理作用。

（三）含硫氨基酸的代谢

体内含硫氨基酸包括三种：蛋氨酸（甲硫氨酸）、半胱氨酸、胱氨酸。

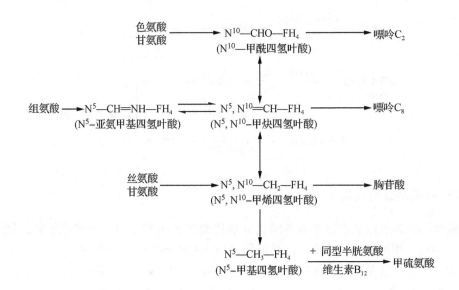

图8-9 一碳单位的来源及相互转换

1. 蛋氨酸（甲硫氨酸）的代谢 蛋氨酸（甲硫氨酸）是体内重要的甲基供体。

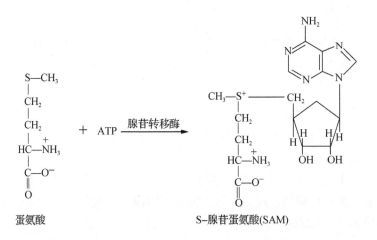

2. 转甲基作用与甲硫氨酸循环 在转甲基反应前，甲硫氨酸必须在腺苷转移酶的催化下与 ATP 反应，生成 S－腺苷甲硫氨酸（SAM）。SAM 经甲基转移酶催化，将甲基转移至另一种物质，使其甲基化，而 SAM 去甲基后生成 S－腺苷同型半胱氨酸，后者脱去腺苷生成同型半胱氨酸。同型半胱氨酸再接受 N^5-CH_3-FH_4 上的甲基，重新生成甲硫氨酸，形成一个循环过程，称为甲硫氨酸循环（图8-10）。

3. 生理意义 由 N^5-CH_3-FH_4 供给甲基生成甲硫氨酸，再通过此循环的 SAM 提供甲基，以进行体内广泛的甲基化反应，由此 N^5-CH_3-FH_4 可看成是体内甲基的间接供体。甲硫氨酸与 ATP 作用生成 S－腺苷甲硫氨酸（SAM），SAM 称为活性甲硫氨酸，其所含的甲基称活性甲基，它是体内最重要的甲基直接供给体。

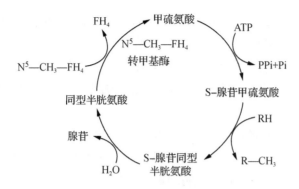

图 8-10　甲硫氨酸循环

（四）芳香族氨基酸的代谢

1. 苯丙氨酸的代谢　在体内，苯丙氨酸在苯丙氨酸羟化酶的催化下，生成酪氨酸（图8-11），该反应为不可逆反应。当人体缺乏苯丙氨酸羟化酶时，苯丙氨酸不能正常转化为酪氨酸，而是经过转氨酶催化生成苯丙酮酸。大量苯丙酮酸随尿液排出，临床上称为苯丙酮尿症（PKU）。苯丙酮酸对中枢神经系统有毒性，常导致患病儿童智力发育障碍。患儿的治疗原则是早发现，并适当控制膳食中苯丙氨酸含量。

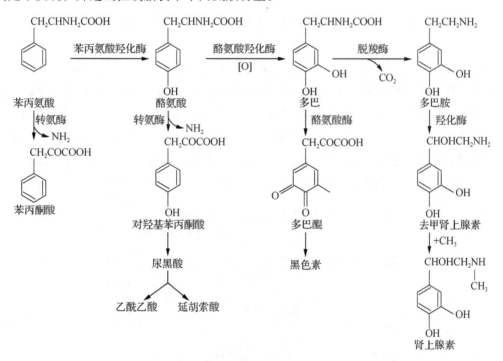

图 8-11　苯丙氨酸和酪氨酸的代谢

2. 酪氨酸的代谢

（1）合成儿茶酚胺：酪氨酸经羟化、脱羧后生成一系列邻苯二酚胺类物质，它们统称儿茶酚胺。儿茶酚胺包括多巴胺、去肾上腺素和肾上腺素。这些物质属于神经递质或激素，它们是维持神经系统正常功能代谢不可或缺的物质。

（2）合成黑色素：黑色素是多巴胺氧化脱羧的产物。合成黑色素需要酪氨酸酶，先天缺乏此酶的人，通常会出现黑色素合成障碍，表现为皮肤、毛发色浅或异常发白，临床上称为白化病。

（3）合成甲状腺激素：酪氨酸在甲状腺里逐步碘化，生成三碘甲状腺原氨酸（T3）和四碘甲状腺原氨酸（T4），二者合称为甲状腺激素。甲状腺激素对机体有着重要的调节作用。临床上，T3 和 T4 是诊断甲状腺疾病的重要指标。

（4）酪氨酸的分解：酪氨酸经酪氨酸转氨酶催化，生成对羟基苯丙酮酸，后者经尿黑酸等中间产物进一步转变成延胡索酸和乙酰乙酸，二者分别参与糖和脂类代谢，所以苯丙氨酸和酪氨酸是生糖兼生酮氨基酸。

若机体缺乏尿黑酸氧化酶，则有大量尿黑酸随尿液排出。尿黑酸在碱性条件下，易被氧化成醌类化合物，并进一步生成黑色化合物，称为尿黑酸症。

3. 色氨酸的代谢　色氨酸是人体的必需氨基酸，它除脱羧生成 5 - 羟色胺外，还能生成其他具有生物活性的物质，如一碳单位、褪黑素和少量的烟酸。色氨酸分解可以产生丙酮酸和乙酰乙酰 CoA，故色氨酸是生糖兼生酮氨基酸。

任务二　基因信息传递与蛋白质生物合成

蛋白质生物合成是以 DNA 转录形成的 mRNA 为模板来进行的，也就是把 mRNA 分子中碱基排列顺序转变为蛋白质或多肽链中的氨基酸排列顺序过程。蛋白质生物合成亦称为翻译，生物体产生何种蛋白质表现何种性状取决于基因结构及基因信息传递过程。基因是有遗传效应的 DNA 分子片段。基因的基本功能包括 2 个方面：一方面是能准确地自我复制；另一方面是通过基因表达（转录、翻译），控制细胞内蛋内质和酶的合成，见图 8-12。

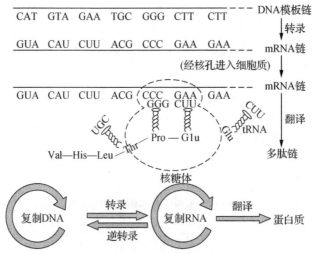

图 8-12　基因信息传递与蛋白质生物合成过程

一、DNA 自我复制

（一）概念

以亲代 DNA 为模板合成与其完全相同子代 DNA 的过程，称为 DNA 自我复制。

（二）复制特点

1. 半保留复制　DNA 自我复制是一个边解旋边复制的过程。复制开始时，DNA 分子首先利用细胞提供的能量，在解旋酶的作用下，碱基间氢键断裂，两条螺旋的双链解开，这个过程叫解旋。然后，以解开的每一段母链为模板，以周围环境中的四种脱氧核苷酸为原料，按照碱基配对互补配对原则，在 DNA 聚合酶的作用下，各自合成与母链互补的一段子链，从而各形成一个新的 DNA 分子。这样新形成的 2 个 DNA 分子与原来 DNA 分子的碱基顺序完全一样。每个子代 DNA 分子的一条链来自亲代 DNA，另一条链则是新合成的，这种复制方式称为半保留复制（图 8-13）。

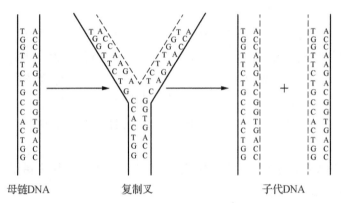

母链DNA　　　复制叉　　　子代DNA

图 8-13　DNA 半保留复制

2. 半不连续复制　DNA 复制时，以 $3'→5'$ 走向为模板的一条链合成方向为 $5'→3'$，与复制叉方向一致，其合成是连续的，称为前导链；另一条以 $5'→3'$ 走向为模板链的合成链走向与复制叉移动的方向相反，称为随丛链，其合成是不连续的，先形成许多不连续的片段（冈崎片段），最后连成一条完整的 DNA 链（图 8-14）。

DNA 复制时，前导链 DNA 的合成是连续的，随丛链是不连续的，故称为半不连续复制。

（三）复制体系

1. 底物　dATP、dGTP、dCTP、dTTP，总称 dNTP。

2. 模板　由亲代 DNA 分子的两条多核苷酸链解离形成单链，作为模板。

3. 引物　由引物酶催化生成的一小段 RNA 链，提供 $3'$-OH 末端使 dNTP 可以依次聚合。

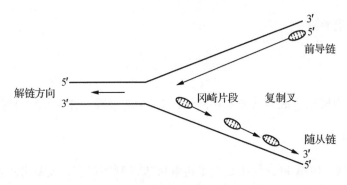

图 8-14　DNA 的半不连续复制

4. 酶类和蛋白质因子

（1）DNA 拓扑异构酶、解旋酶和单链 DNA 结合蛋白（SSB）：DNA 复制时，首先需要解旋、解链成相对固定的单链状态，才具有指导新链合成的模板作用。把 DNA 解旋、解链成相对固定的单链状态需要一些酶与蛋白因子的参与来完成，包括 DNA 拓扑异构酶、解旋酶和单链 DNA 结合蛋白（SSB）。

（2）引物酶：引物酶是一种特殊的依赖 DNA 的 RNA 聚合酶，它以解开的 DNA 链为模板，以 4 种 dNTP 为原料，按 5'→3' 方向合成短片段的 RNA，作为引物引发 DNA 的复制。

（3）DNA 聚合酶：DNA 聚合酶是 DNA 复制的主要酶，又称为依赖 DNA 的 DNA 聚合酶。DNA 聚合酶最早在大肠杆菌中发现，以后陆续在其他生物中找到。原核生物的 DNA 聚合酶有 DNA 聚合酶 Ⅰ、DNA 聚合酶 Ⅱ 和 DNA 聚合酶 Ⅲ。真核生物的 DNA 聚合酶分为 α、β、γ、δ、ε。

功能：催化 DNA 链的延伸；识别和切除 DNA 3' 端在聚合作用中错误配对的核苷酸；切除 5' 端引物或受损伤的 DNA。

（4）DNA 连接酶：DNA 连接酶用于连接 DNA 链 3'-OH 末端和另一 DNA 链的 5'-P 末端，使二者生成磷酸二酯键，从而把两段相邻的 DNA 链连成完整的链。

DNA 连接酶不仅在 DNA 复制中起主要作用，在 DNA 的损伤修复中也起到缺口接合作用，是基因工程不可缺少的工具酶之一。

（四）复制过程

DNA 复制的全部过程可以人为地分成 3 个阶段，第一个阶段为 DNA 复制的起始，包括复制叉的形成和引物的合成 2 个步骤；第二个阶段为 DNA 链的延伸，包括前导链与随从链的形成一个步骤；第三个阶段为 DNA 复制的终止，包括切除 RNA 引物后空缺的填补和冈崎片段的连接 2 个步骤，见图 8-15。

1. DNA 复制的起始

（1）形成复制叉：DNA 复制开始时，DNA 拓扑异构酶和解旋酶作用于 DNA 分子，解开 DNA 分子的超螺旋结构，使 DNA 双链形成局部的单链，随即 SSB 结合到形成的单链上，以保护、稳定 DNA 的单链状态。此时，在各复制起始处形成的 "Y" 字形结构称为复制叉。

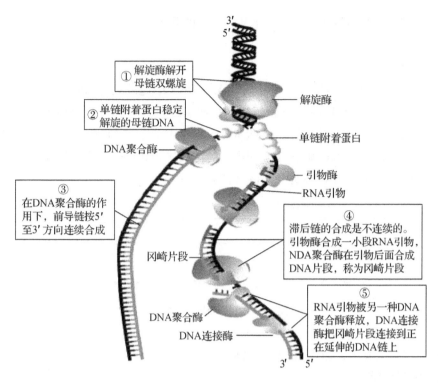

图 8-15 DNA 复制的全过程

（2）合成引物：当两股单链暴露出足够数量碱基时，引物酶识别起始部位，并以解开的一段 DNA 链为模板，按照碱基配对原则，从 5′→3′方向合成引物 RNA。

2. DNA 链的延伸　RNA 引物形成后，由 DNA 聚合酶催化，按碱基配对原则，将第一个 dNTP 加在 RNA 引物的 3′-OH 端而进入 DNA 链的延伸阶段。

由于 DNA 分子的两条链走向相反，而 DNA 聚合酶只能催化核苷酸从 5′→3′方向合成，前导链的复制方向与解链方向一致，可以连续复制，随从链的复制方向与解链方向相反，不能连续复制，形成的是若干个冈崎片段。

在 DNA 链的延伸阶段，合成了连续的 DNA 前导链和由许多冈崎片段组成的随从链。

3. DNA 复制的终止

（1）填补切除 RNA 引物后形成的空缺：当复制延伸到具有特定碱基序列的复制终止区时，DNA 聚合酶 I 通过其 5′→3′外切酶活性，切除冈崎片段上的 RNA 引物，并利用后一个冈崎片段作为引物按 5′→3′方向合成 DNA，填补缺口。

（2）冈崎片段的连接：DNA 连接酶将冈崎片段连接起来，形成完整的 DNA 滞后链。至此，DNA 的复制完成，子代 DNA 链分别与其模板链缠绕成 DNA 双螺旋结构。

二、转录

（一）概念

以 DNA 为模板合成 RNA 的过程称为转录。转录是生物界 RNA 合成的主要方式，是遗传信息从 DNA 向 RNA 的传递过程，也是基因表达的开始。

（二）转录体系

1. 模板　　DNA 是双股链分子，转录只以双链 DNA 中能编码出 RNA 的区段为模板。通常把 DNA 分子中能转录出 RNA 的区段，称为结构基因。结构基因的双链中，仅有一股链可作为模板转录成 RNA，称为模板链，也称 Watson（W）链、负链或反意义链。与模板链相对应的互补链，其编码区的碱基序列与 mRNA 的密码序列相同（仅 T、U 互换），称为编码链，也称 Crick（C）链、正链或有意义链（图 8-16）。

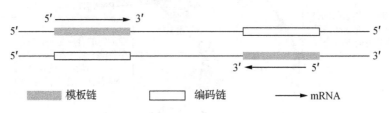

图 8-16　RNA 的不对称转录

2. 底物　　ATP、GTP、CTP、UTP，总称 NTP。

3. 酶类和蛋白质因子

（1）RNA 聚合酶：又称 DNA 依赖的 RNA 聚合酶（DDRP）。

原核生物细胞中只有一种 RNA 聚合酶，它兼有合成各种 RNA（mRNA、tRNA、rRNA）的功能。原核生物的 RNA 聚合酶是多聚体蛋白质，以大肠杆菌（E. coli）的 RNA 聚合酶为例，该酶是由 α、β、β′、σ 四种亚基组成的五聚体（$\alpha_2\beta\beta'\sigma$），5 个亚基同时存在时称为全酶，其中 σ 亚基也称 σ 因子，脱去 σ 因子的 $\alpha_2\beta\beta'$ 称为核心酶。

真核生物 RNA 聚合酶目前发现有三种，分别为 RNA 聚合酶Ⅰ、RNA 聚合酶Ⅱ 和 RNA 聚合酶Ⅲ，它们在细胞内的定位、性质及转录的产物不同。

（2）ρ 因子：存在于大肠杆菌和一些噬菌体中，与 RNA 合成的终止有关。

（3）反式作用因子：真核生物 RNA 聚合酶Ⅱ启动转录时需要的一些蛋白质，能辨认和结合转录上游区段的 DNA。

（三）转录的过程

RNA 的转录也包括起始、延长和终止 3 个阶段。

1. 转录起始　　RNA 聚合酶正确识别 DNA 模板链上的启动子并形成由酶、DNA 和核苷三磷酸（NTP）构成的三元起始复合物，转录即自此开始。RNA 聚合酶与启动子结合后，沿解开的 DNA 双链移动。进入起始部位后，RNA 聚合酶以模板链为模板，以四种 NTP 为原料，按碱基互补原则，开始合成 RNA，合成一小段 RNA 后，σ 因子脱落，至此完成转录的起始。脱落的 σ 因子可再次与核心酶结合，促使下一次转录的起始。

2. 转录延伸（图 8-17）　　DNA 链在核心酶经过后，即恢复双螺旋结构，新生成的 RNA 链随即伸出 DNA 双链之外。研究发现，在同一 DNA 模板上，可以有相当多的 RNA 聚合酶在同时催化转录，生成相应的 RNA，而且在较长的 RNA 链上可以看到核糖体附着，说明转录过程未完全终止，就可以开始进行翻译（详见"三、翻译"）。

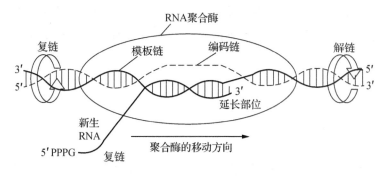

图 8-17 转录的延伸

3. 转录的终止 当核心酶移动到 DNA 模板的转录终止部位时，不再向前移动合成磷酸二酯键，转录泡瓦解，DNA 恢复成双链，核心酶与转录产物 RNA 从模板链上释放，转录终止。

DNA 上能使转录终止的特殊序列称为终止子，原核生物内含有两类终止子，其中一种不依赖蛋白质辅助因子，另外一种依赖蛋白质辅助因子。这种蛋白质辅因子称为释放因子，通常又称 ρ 因子。这两类终止子有共同的序列特征——在转录终止点前有一段回文序列。

（四）转录后加工

转录产物为 RNA 前体，是初级 RNA 转录产物，不具有生物活性，必须进行加工修饰才能成为成熟的、有活性的 RNA。转录后的 RNA 加工主要在细胞核内进行。

1. 真核生物 mRNA 转录后的加工修饰 包括以下 4 个方面。

（1）5′端加帽：转录产物的 5′端通常要装上甲基化的帽子；有的转录产物 5′端有多余的顺序，则需切除后再装上帽子。

（2）3′端加尾：多聚 A 尾巴，转录产物的 3′端通常由多聚 A 聚合酶催化加上一段多聚 A，多聚 A 尾巴的平均长度在 20~200 个核苷酸；有的转录产物的 3′端有多余顺序，则需切除后再加上尾巴。装 5′端帽子和 3′端尾巴均可能在剪接之前就已完成。

（3）剪接：将 mRNA 前体上的居间顺序切除，再将被隔开的蛋白质编码区连接起来。剪接过程是由细胞核小分子 RNA（如 U1RNA）参与完成的，被切除的居间顺序形成套索形（即 lariat RNA 中间体）。

（4）修饰：mRNA 分子内的某些部位常存在 N6－甲基腺苷，它是由甲基化酶催化产生的，也是在转录后加工时修饰的。

2. 真核生物 tRNA 转录后的加工修饰 由真核生物 RNA 聚合酶催化形成的 tRNA 初级产物，也要经过加工修饰，才能变成成熟的 tRNA。该修饰过程也包括剪接，但最常见的是进行甲基化反应、脱氨基反应、还原反应及转位反应等，形成一些稀有碱基。另外，还要在 3′－末端加上共同的 CCA-OH 结构，从而具有携带氨基酸的功能。

3. 真核生物 rRNA 转录后的加工　真核细胞中 rRNA 前体为 45S 的转录产物,它是三种 rRNA 的前身。45S rRNA 经剪接后,先分出 18S 的产物,18S rRNA 与有关蛋白质一起,装配成核蛋白体小亚基。余下的部分再剪接成 28S 与 5.8S rRNA,后两者与有关蛋白质一起,装配成核蛋白体的大亚基。然后通过核孔转移到细胞质中,作为蛋白质生物合成的场所。

三、翻译

(一) 概念

真核细胞的转录及加工都是在细胞核内进行,但翻译过程则在细胞质中进行。以 mRNA 作为模板,tRNA 作为运载工具,在有关酶、辅助因子和能量的作用下将活化的氨基酸在核糖体(亦称核蛋白体)上装配为蛋白质多肽链的过程,称为翻译,简单说,翻译就是以 mRNA 为模板合成蛋白质的过程。

(二) 翻译体系 (图 8-18)

1. 原料　蛋白质生物合成的原料是氨基酸。
2. 模板链　mRNA 是蛋白质生物合成的直接模板。

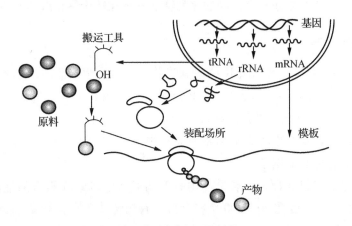

图 8-18　合成体系装配

mRNA 之所以能作为蛋白质合成的直接模板,是因为在 mRNA 分子 5′→3′方向每 3 个相邻的碱基决定一个氨基酸,这 3 个相邻的碱基就叫一个遗传密码。共有 64 组遗传密码,代表了 20 种氨基酸,其中 AUG 不仅是起始密码,还是蛋氨酸的遗传密码,UAA、UAG、UGA 不代表任何一种氨基酸,是终止密码。遗传密码表见表 8-2。

遗传密码具有以下特性。

(1) 方向性:mRNA 中的遗传密码是按 5′→3′方向。

(2) 连续性:mRNA 的读码方向从 5′端至 3′端方向,2 个密码子之间无任何核苷酸隔开。mRNA 链上碱基的插入、缺失和重叠,均造成框移突变。

（3）通用性：几乎通用于整个生物界，包括病毒、细菌，以及高等生物和人类，但也有个别例外。

表 8-2 遗传密码表

第一碱基 (5,端)	第二碱基				第三碱基 (3,端)
	U	C	A	G	
U	UUU 苯丙氨酸	UCU 丝氨酸	UAU 酪氨酸	UGU 半胱氨酸	U
	UUC 苯丙氨酸	UCC 丝氨酸	UAC 酪氨酸	UGC 半胱氨酸	C
	UUA 亮氨酸	UCA 丝氨酸	UAA 终止密码	UGA 终止密码	A
	UUG 亮氨酸	UCG 丝氨酸	UAG 终止密码	UGG 色氨酸	G
C	CUU 亮氨酸	CCU 脯氨酸	CAU 组氨酸	CGU 精氨酸	U
	CUC 亮氨酸	CCC 脯氨酸	CAC 组氨酸	CGC 精氨酸	C
	CUA 亮氨酸	CCA 脯氨酸	CAA 谷氨酰胺	CGA 精氨酸	A
	CUG 亮氨酸	CCG 脯氨酸	CAG 谷氨酰胺	CGG 精氨酸	G
A	AUU 异亮氨酸	ACU 苏氨酸	AAU 天冬酰胺	AGU 丝氨酸	U
	AUC 异亮氨酸	ACC 苏氨酸	AAC 天冬酰胺	AGC 丝氨酸	C
	AUA 异亮氨酸	ACA 苏氨酸	AAA 赖氨酸	AGA 精氨酸	A
	AUG 蛋氨酸 + 起始密码	ACG 苏氨酸	AAG 赖氨酸	AGG 精氨酸	G
G	GUU 缬氨酸	GCU 丙氨酸	GAU 天冬氨酸	GGU 甘氨酸	U
	GUC 缬氨酸	GCC 丙氨酸	GAC 天冬氨酸	GGC 甘氨酸	C
	GUA 缬氨酸	GCA 丙氨酸	GAA 谷氨酸	GGA 甘氨酸	A
	GUG 缬氨酸	GCG 丙氨酸	GAG 谷氨酸	GGG 甘氨酸	G

（4）兼并性：由一种以上密码子编码同一种氨基酸的现象称为密码子的兼并性。

（5）摆动性：mRNA 上的密码子与 tRNA 上的反密码子配对辨认时，大多数情况遵守碱基互补配对原则，但也可出现不严格配对，尤其是密码子的第三位碱基与反密码子的第一位碱基配对时常出现不严格碱基互补，这种现象称为摆动配对。

3. 转运工具 tRNA 是氨基酸的运载工具。合成蛋白质的氨基酸分散存在于胞液中，需要搬运到核糖体上才能组装成多肽链，tRNA 就是运输氨基酸的工具。

4. 合成场所 核糖体是蛋白质生物合成的场所，是由 rRNA 和蛋白质结合形成的复合体，又称核蛋白体。它由大小 2 个亚基组成，2 个亚基之间有缝隙，是 mRNA 和 tRNA 结合的部位。原核生物的核糖体有 3 个位点：A 位又称受位，主要在大亚基上，是接受氨酰基 - tRNA 的部位；P 位又称给位，主要在小亚基上，为结合肽酰基 - tRNA 的部位；E 位是释放 tRNA 的部位，结合空载 tRNA，使核糖体变构，A 位打开。真核生物的核糖体没有 E 位点。

5. 酶类、蛋白质因子等

（1）氨基酰 – tRNA 合成酶：存在于胞液中，又称氨基酸活化酶，此酶在 ATP 参与下，催化 tRNA 与特异的氨基酸结合生成氨基酰 – tRNA，该酶具有绝对特异性，可高度特异地识别 tRNA 和氨基酸这两种底物。

（2）转肽酶：位于核糖体大亚基上，能把 P 位上肽酰 – tRNA 的肽酰基转移到 A 位氨基酰 – tRNA 的氨基上，形成肽键，使肽链延长。

（3）转位酶：其活性存在于延长因子 G 中，催化核糖体向 5′→3′ 移动一个密码子的距离，使下一个密码子定位于 A 位。

（4）蛋白质因子：有起始因子（IF），延长因子（EF），终止因子（RF）（真核生物的分别用 eIF、eEF、eRF 表示）。

（5）无机离子，如 Mg^{2+}、K^+ 等。

（6）供能物质，如 ATP、GTP 等。

（三）翻译过程

蛋白质生物合成包括氨基酸的活化、核蛋白体循环。

1. 氨基酸的活化　氨基酸的活化是指氨基酸和特定的 tRNA 结合形成特定的氨基酰 – tRNA 的过程。氨基酸的活化由氨基酰 – tRNA 合成酶催化，每个氨基酸活化需消耗 2 个高能磷酸键。氨基酰 – tRNA 合成酶对底物氨基酸和 tRNA 都有高度特异性。

2. 核蛋白体循环　包括肽链的起始、肽链的延长、肽链的终止 3 个阶段。

（1）肽链的起始：在许多起始因子的作用下，分三步走。①核糖体的小亚基能够识别 mRNA 上的起始密码子 AUG 并与之结合；②起始密码子 AUG 代表的蛋氨酸以蛋氨酰 – tRNA（tRNA fMet）形式进入到核心糖体的 P 位（给位），通过 tRNA 的反密码子 UAC，识别 mRNA 上的起始密码子 AUG，并通过相互配对形成氢键，构成起始复合物；③核糖体大亚基结合到小亚基上去，形成稳定的复合体，从而完成了起始阶段。

（2）肽链的延长：包括进位、成肽、转位 3 个阶段。

①进位：核糖体上有 2 个结合点 P 位（给位）和 A 位（受位），可以同时结合 2 个氨酰 tRNA。当核糖体沿着 mRNA 5′→3′ 移动时，便依次读出密码子。在起始阶段第一个进入的蛋氨酰 tRNA（tRNA fMet）结合在 P 位，随后特定的氨基酰 tRNA 进入 A 位。

②成肽：在转肽酶的催化下，P 位上起始氨基酰 tRNA 的蛋氨酰基或延长肽链中的肽酰 – tRNA 的肽酰基转移到 A 位上，以其羧基与 A 位氨基酰 – tRNA 的 α – 氨基形成肽键的过程，产物是二肽酰 – tRNA 或肽酰 – tRNA（图 8-19）。

③转位：在转位酶的催化下，由 GTP 供能，核糖体沿 mRNA 5′端向 3′端向前移动一个密码子，使 mRNA 链上的下一个密码子进入 A 位，而原来在 A 位上的肽酰 – tRNA 移到 P 位，卸载的 tRNA 则移到 E 位，可诱导核糖体构象改变，有利于下一个氨基酰 – tRNA 进入 A 位，新的氨基酰 – tRNA 进位又诱导核糖体构象改变促使卸载的 tRNA 从 E 位上排出。

如此按照"进位 – 成肽 – 转位"循环往复，在肽链 C 端添加氨基酸，使肽链从 N 端向 C 端不断延伸（图 8-20），直到 mRNA 的终止密码出现时，没有一个氨酰 tRNA 可与它结

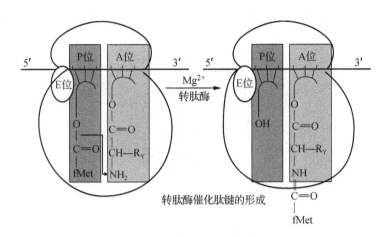

图 8-19　转肽酶催化肽键形成过程

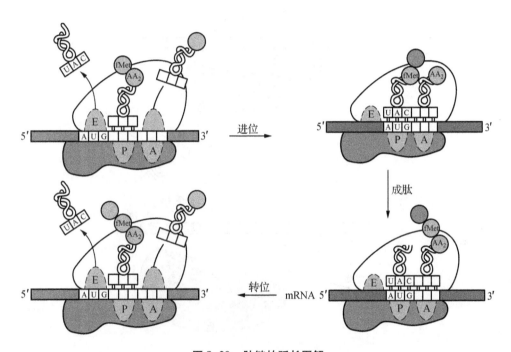

图 8-20　肽链的延长图解

合，于是肽链延长终止。

（3）肽链的终止：核糖体的 A 位上出现终止密码子（UAA、UAG 或 UGA），就不再有任何氨酰 tRNA 进入 A 位，只有释放因子（RF）可识别终止密码进入 A 位，多肽链的合成就进入终止阶段。

①肽酰 tRNA 的酯键分开，多肽链释放：释放因子（RF）结合终止密码后触发核糖体构象发生改变，诱导转肽酶转变为水解酶，催化 P 位上肽链与 tRNA 之间酯键水解，将合成的肽链从核糖体上释放出来。

②mRNA、tRNA、释放因子（RF）从核糖体上脱落。

③在 IF 作用下，核糖体的大亚基小亚基分离，参与下一个翻译过程（图 8-21）。

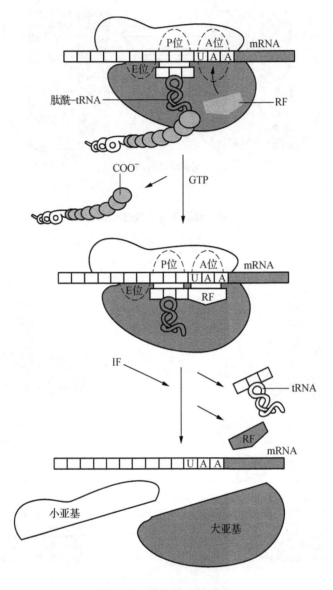

图 8-21　肽链合成的终止

（四）翻译后的加工修饰及靶向输送

肽链从核蛋白体释放后，经过细胞内各种修饰处理，成为有活性的成熟蛋白质的过程。

1. 多肽链一级结构的修饰　包括去除 N - 甲酰基或 N-Met，个别氨基酸的修饰及水解修饰。

2. 天然空间结构的形成。

3. 合成后蛋白质被靶向输送至细胞特定部位。

（五）蛋白质生物合成与医学的关系

1. 分子病　分子病由于遗传上的原因而造成的蛋白质分子结构或合成量的异常所引起的疾病。

蛋白质分子是由基因编码的，即由脱氧核糖核酸（DNA）分子上的碱基种类数量及排列顺序决定的。如果 DNA 分子的碱基种类、数量或排列顺序发生变化，那么由它所编码的蛋白质分子的结构就发生相应的变化，严重的蛋白质分子异常可导致疾病的发生。

2. 蛋白质生物合成的干扰和抑制　影响蛋白质生物合成的物质非常多，它们可以作用于 DNA 复制和 RNA 转录，对蛋白质的生物合成起间接作用，许多抗生素都是以直接抑制细菌细胞内蛋白质合成，它们可作用于蛋白质合成的各个环节，从而发挥药理作用。如四环素类药物作用于细菌内 30S 小亚基的 A 位，抑制氨基酰 – tRNA 的进位而影响细菌蛋白质的合成；嘌呤霉素结构与酪氨酰 – tRNA 相似，从而取代一些氨基酰 tRNA 进入核糖体的 A 位，当延长中的肽转入此异常 A 位时，容易脱落，终止肽链合成；干扰素（interferon）是病毒感染后，感染病毒的细胞合成和分泌的一种小分子蛋白质，结合到未感染病毒的细胞膜上，诱导这些细胞产生寡核苷酸合成酶、核酸内切酶和蛋白激酶，这些酶被激活，并以不同的方式阻断病毒蛋白质的合成。

任务三　糖与脂、蛋白质代谢的联系

一、糖与脂代谢的联系

当摄入糖量过多，糖很容易转变为脂肪。糖代谢产生的乙酰 CoA 进入胞质，既可作合成脂肪酸的原料，又可激活脂肪酸合成关键酶；磷酸戊糖途径提供 NADPH，使胞质内大量合成脂肪酸，再与糖转变生成的 α – 磷酸甘油进一步生成脂肪。此外糖还可转变为胆固醇，并为磷脂的合成提供基本骨架（图 8–22）。

二、糖与蛋白质代谢的联系

蛋白质分解产生的氨基酸（亮氨酸、赖氨酸除外）均可生成 α – 酮酸，通过三羧酸循环及生物氧化生成 CO_2、H_2O 并释放能量；也可转变成糖分解代谢的某些中间代谢物，并遵循糖异生途径转变为糖。反之，糖代谢产生的 α – 酮酸（如丙酮酸、α – 酮戊二酸、草酰乙酸等），在有氮源提供的情况下，氨基化生成某些非必需氨基酸，但不能生成必需氨基酸。可见蛋白质可转变为糖，而糖不能转变为蛋白质。这就是为什么食物中蛋白质不能为糖、脂肪替代，而蛋白质却能替代糖和脂肪供能的重要原因。

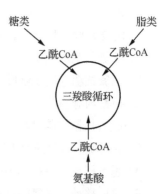

图 8–22　糖与脂、蛋白质代谢的联系

三、脂与蛋白质代谢的联系

20 种氨基酸分解后均能生成乙酰 CoA，经还原缩合反应可合成脂肪酸进而合成脂肪，即蛋白质可转变为脂肪。乙酰 CoA 还能合成胆固醇以满足机体的需要。氨基酸也可作为合成磷脂的原料。脂类不能转变为氨基酸，仅脂肪分解的甘油可生成磷酸甘油醛，遵循糖分解途径转变为某些非必需氨基酸。

目标检测

一、选择题

1. DNA 分子的多样性主要决定于（　　）
A. 磷酸的数量和排列顺序
B. 脱氧核糖的数量和排列顺序
C. 碱基对的数量和排列顺序
D. 磷酸与脱氧核糖的数量和排列顺序

2. 如果一个 DNA 分子的碱基中，鸟嘌呤占 20%，那么，胸腺嘧啶应占（　　）
A. 10%
B. 20%
C. 30%
D. 40%

3. DNA 分子中，当 $(A+G)/(T+C)$ 在一单链中比值为 $1:25$，在另一互补单链中，这种比值是（　　）
A. 0.4
B. 0.8
C. 1 : 25
D. 25

4. 比较 DNA 和 RNA 的分子结构，DNA 特有的化学成分是（　　）
A. 核糖与胸腺嘧啶
B. 脱氧核糖与胸腺嘧啶
C. 核糖与腺嘌呤
D. 脱氧核糖与腺嘌呤

5. 下列哪一组物质是 DNA 的组成成分（　　）
A. 脱氧核糖、核酸和磷酸
B. 脱氧核糖、含氮的碱基和磷酸
C. 核糖、嘧啶和磷酸
D. 核糖、含氮的碱基和磷酸

6. 控制生物性状的遗传物质结构和功能的单位是（　　）

A. 染色体

B. 基因

C. DNA

D. 脱氧核苷酸

7. 噬菌体侵染细菌的实验证明了遗传物质是（　　）

A. DNA

B. RNA

C. 蛋白质和 DNA

D. 蛋白质

8. 据研究，近期流行的禽流感病毒的遗传物质是 RNA，那么禽流感病毒不具有的碱基（　　）

A. A

B. G

C. U

D. T

二、简答题

1. 简述遗传密码的主要特点。

2. 论述蛋白质生物合成的过程。

三、拓展题

探讨蛋白质生物合成的干扰与抑制在生物医学上的应用。

选择题答案

1	2	3	4	5	6	7	8
C	C	C	B	B	B	A	D

模块三　生化专题

生化专题是指的身体的某一个部位发生的生化反应，本模块主要介绍肝脏生化及体液生化，涉及肝的生物转化作用、胆汁酸代谢、胆色素代谢、水代谢、无机盐代谢、酸碱平衡等内容。

项目九　肝脏生化

 思维导图

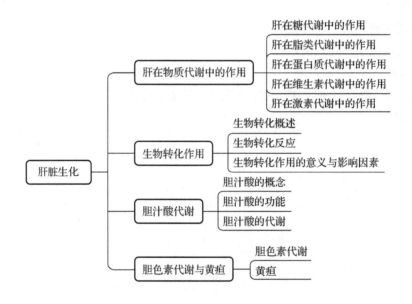

学习目标

知识目标
1. 掌握肝在糖、脂类、蛋白质代谢中的作用。
2. 生物转化的概念、特点及生理意义。
3. 血红素合成的原料及生成部位；胆色素的概念及代谢。
4. 胆汁酸的肠肝循环及胆汁酸的功能；红细胞的代谢特点及功能。

能力目标

1. 能够正确解读肝脏生化检验报告单中的各项指标，说出其正常范围，以及指标异常时提示有哪些疾病。

2. 能够根据胆红素生化检测指标判断患者的黄疸类型。

3. 能够阐述脂肪肝发病的生化机制，并指导预防。

4. 培养学生利用所学的生化知识进行分析问题并能解决问题的能力。

素质目标

1. 具备科学精神、工匠精神、尊重生命职业素养。

2. 树立科学保健、合理膳食的观念。

3. 具备创新能力、问题求解能力、思维能力。

案例导学

谢先生，男61岁，因大量饮酒后出现食欲缺乏、乏力半月，尿黄4天入院。入院时神清，精神差，全身皮肤黏膜及巩膜重度黄染，小便呈深黄色，四肢无浮肿，腹软。经检查：生命指征平稳，总胆红素203 μmol/L，白蛋白38 g/L。经白蛋白，输血浆及护肝对症治疗无好转，3日后查肝功能：白蛋白30.5 g/L，ALT 1150 IU/L，AST 687 IU/L，TBIL 415.9 μmol/L，DBIL 251.8 μmol/L，并开始出现大便带鲜红色血且逐渐加重。彩超提示：弥漫性肝损害，腹水。临床诊断：慢性重症肝炎。

问题思考：

1. 该患者哪些肝功能指标出现了异常？

2. 其生化机制是什么？

肝是人体最大的腺体，也是人体最大的多功能实质性器官，肝在组织结构和生化组成上有以下特点：①双重血供——肝动脉和门静脉；②双重排泄通道——肝静脉和胆道；③丰富的血窦，使血流速度变缓，有利于进行物质交换；④大量的细胞器，如线粒体、内质网、微粒体、高尔基体、溶酶体等；⑤种类数量繁多的酶等，被称为"人体的化工厂"。肝不仅在糖、脂类、蛋白质、维生素、激素等物质代谢中有重要作用，而且还具有分泌、排泄、生物转化等作用，被誉为人体"物质代谢中枢"。肝脏复杂的功能与其独特的形态组织结构和化学组成特点密不可分（图9-1）。

任务一 肝在物质代谢中的作用

一、肝在糖代谢中的作用

肝在糖代谢中的作用主要是维持血糖水平的相对恒定。肝细胞主要通过肝糖原的合成与

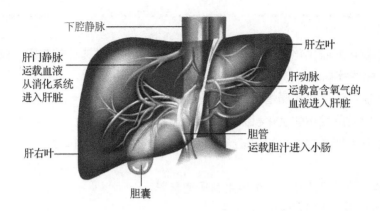

下腔静脉

肝门静脉
运载血液
从消化系统
进入肝脏

肝右叶

胆囊

肝左叶

肝动脉
运载富含氧气的
血液进入肝脏

胆管
运载胆汁进入小肠

图 9-1　肝脏结构

分解、糖异生作用来维持血糖浓度的相对恒定。

进食后，随着食物的消化吸收，血糖浓度升高，这时肝脏利用血糖合成糖原，过多的糖则可在肝脏中转变为脂肪或加速磷酸戊糖循环等，从而降低血糖至正常水平。相反，当血糖浓度降低时，肝糖原分解、糖异生作用加强，生成葡萄糖进入血中，调节血糖浓度，使之不致过低。在剧烈运动及饥饿时糖异生作用尤为显著。此外，肝脏还能将果糖及半乳糖转化为葡萄糖，亦可作为血糖的补充来源。严重肝病时，肝糖原贮存减少、糖异生作用障碍可导致空腹血糖降低。临床上，可通过耐量试验（主要是半乳糖耐量试验）及测定血中乳酸含量来观察肝脏糖原生成及糖异生是否正常。

肝脏和脂肪组织是人体内糖转变成脂肪的 2 个主要场所。糖在肝脏内的生理功能主要是保证肝细胞内核酸和蛋白质代谢，促进肝细胞的再生及肝功能的恢复。肝细胞中葡萄糖经磷酸戊糖通路，还为脂肪酸及胆固醇合成提供所必需的 NADPH。通过糖醛酸代谢生成 UDP 葡糖醛酸，参与肝脏生物转化作用。

二、肝在脂类代谢中的作用

肝脏在脂类的消化、吸收、分解、合成及运输等代谢过程中均起重要作用。

肝脏能分泌胆汁，其中的胆汁酸盐（胆固醇在肝脏的转化产物）能乳化脂类、促进脂类的消化和吸收。

肝脏是人体内氧化分解脂肪酸、生成酮体的主要场所。肝脏也是合成甘油三酯、胆固醇和磷脂的主要场所。肝脏是血浆脂蛋白代谢的中心。

三、肝在蛋白质代谢中的作用

肝脏是人体白蛋白唯一的生成器官，球蛋白、血浆白蛋白、纤维蛋白原和凝血酶原的合成、维持和调节都需要肝脏参与。肝脏合成白蛋白的能力很强。成人肝脏每日约合成 12 g 白蛋白，占肝脏合成蛋白质总量的四分之一。肝脏在血浆蛋白质分解代谢中亦起重要作用。

在蛋白质代谢中，肝脏还具有一个极为重要的功能：将氨基酸代谢产生的有毒的氨通过鸟氨酸循环的特殊酶系合成尿素以解氨毒。

肝脏也是胺类物质解毒的重要器官，肠道细菌作用于氨基酸产生的芳香胺类等有毒物质，被吸收入血，主要在肝细胞中进行转化以减少其毒性。

四、肝在维生素代谢中的作用

肝脏是体内含维生素较多的器官。多种维生素，如维生素 A、维生素 B、维生素 C、维生素 D 和维生素 K 的合成与储存均与肝脏密切相关。肝脏明显受损时，可继发维生素 A 缺乏而出现夜盲或皮肤干燥综合征等，动物肝脏对其有较好疗效。

肝脏所分泌的胆汁酸盐可协助脂溶性维生素的吸收。所以肝胆系统疾病，可伴有维生素的吸收障碍。

肝脏还直接参与多种维生素的代谢转化，如将 β-胡萝卜素转变为维生素 A 等。

五、肝在激素代谢中的作用

许多激素在发挥其调节作用后，主要在肝脏内被分解转化，从而降低或失去其活性，此过程称为激素的灭活。灭活过程对于激素的作用具调节作用。

肝细胞膜有某些水溶性激素（如胰岛素、去甲肾上腺素）的受体。此类激素与受体结合而发挥调节作用，同时自身则通过肝细胞内吞作用进入细胞内。而游离态的脂溶性激素则通过扩散作用进入肝细胞。

一些激素（如雌激素、醛固酮）可在肝内与葡糖醛酸或活性硫酸等结合而灭活。垂体后叶分泌的抗利尿激素亦可在肝内被水解而"灭活"。

许多蛋白质及多肽类激素也主要在肝脏内"灭活"，如胰岛素和甲状腺素的灭活。严重肝病时，此类激素灭活减弱，导致血中胰岛素含量增高。

任务二 生物转化作用

一、生物转化概述

许多非营养性物质可从外界进入体内或直接由体内的新陈代谢产生，最终进入肝脏。这些非营养物质既不能作为构成组织细胞的原料，又不能供应能量，机体只能将它们直接排出体外，或先将它们进行代谢转变，一方面增加其极性或水溶性，使其易随尿或胆汁排出；另一方面也会改变其毒性或药物的作用。这种将一些内源性或外源性非营养物质进行化学转变，增加其极性（或水溶性），使其易随胆汁或尿液排出的变化过程称为生物转化。

非营养物质的来源有：①内源性物质。体内代谢中产生的各种生物活性物质如激素、神经递质等及有毒的代谢产物如氨、胆红素等；②外源性物质。由外界进入体内的各种异物，如药品、食品添加剂、色素及其他化学物质及蛋白质在肠道中腐败产物等。生物转化是机体维持稳态的主要机制。经生物转化后，大部分非营养物质的生物活性或毒性均有所降低甚至消失，因此人们曾将该作用称为生理解毒。但有些物质经肝脏生物转化后其毒性反而增强，许多致癌物质通过代谢转化才显示出致癌作用，如 3,4-苯并芘，因而不能将肝脏的生物转化作用一概称为"解毒作用"。

肝脏是生物转化作用的主要器官,在肝细胞的微粒体、胞液、线粒体等部位均存在与生物转化相关的酶类。其他组织如肾、胃肠道、肺、皮肤及胎盘等也可进行一定的生物转化,但以肝脏最为重要,其生物转化功能最强。

二、生物转化反应

肝脏的生物转化作用主要可分为氧化、还原、水解、结合等4种反应类型。通常按其化学反应性质把这些反应归纳分为第一相反应和第二相反应。

(一)第一相反应

第一相反应有氧化、还原、水解反应,一般是改变作用物原来的功能基团,使非极性基团转化为极性基团,增加亲水性。有些物质经过第一相反应就可排出体外。

1. 氧化反应

(1)加单氧酶系:存在于肝细胞微粒体内,催化反应需要细胞色素参与,反应特点是激活分子氧,使其中一个氧原子加在底物分子上形成羟基。反应式如下。

$$RH + O_2 + NADPH + H^+ \xrightarrow{\text{加单氧酶}} ROH + NADP^+ + H_2O$$

加单氧酶为一类催化有机物分子直接加氧的酶,参与体内不少重要物质的形成,与药物和毒物的代谢关系密切。

(2)单胺氧化酶系:属于黄素酶,存在于线粒体内,可催化胺类生成相应的醛类。主要是清除肠道吸收的胺和许多生理活性物质。其催化反应式如下。

$$RCH_2NH_2 + H_2O + O_2 \xrightarrow{\text{单胺氧化酶系}} RCHO + NH_3 + H_2O_2$$

(3)脱氢酶系:醇脱氢酶(ADH)和醛脱氢酶(ALDH)存在于肝细胞微粒体及胞质,促使醇氧化成醛,醛氧化成酸。其催化反应式如下。

$$RCH_2OH \xrightarrow{\text{醇脱氢酶}} RCHO \xrightarrow{\text{醛脱氢酶}} RCOOH$$

人类摄入的酒中很重要的一个成分就是乙醇(ethanol)。乙醇属于非营养性物质,在胃内被吸收,由肝对其分解转化,即所谓的解酒。肝细胞胞液和线粒体中的"醇脱氢酶"和"醛脱氢酶"是分解乙醇的主要物质。

乙醇脱氢酶催化乙醇脱氢生成乙醛,乙醛在乙醛脱氢酶催化下脱氢生成乙酸,乙酸转化为乙酰CoA进入三羧酸循环,生成水和二氧化碳。酒量与肝内两种脱氢酶含量有关,酒量大者醇脱氢酶和醛脱氢酶含量高、活性高,中等酒量者有醇脱氢酶,醛脱氢酶缺乏,酒量小者两种酶都缺乏。当长期饮酒、一次性大量饮酒或慢性酒精中毒时,会诱导机体乙醇氧化系统(MEOS)生成,MEOS不但不能使乙醇产生ATP,还可增加机体对氧和NADPH的消耗,而且还可催化脂质过氧化生成羟乙基自由基,后者又进一步促进脂质过氧化,引发肝损伤。饮酒必加重肝脏负担,故肝病患者务必禁酒。

2. 还原反应 肝细胞微粒体中存在着由NADPH及还原型细胞色素供氢的还原酶,主要有硝基还原酶类和偶氮还原酶类,分别催化硝基化合物和偶氮化合物还原成胺。

硝基苯为毒性较强的有机物，吸入大量蒸气或皮肤大量沾染可引起急性中毒，使血红蛋白氧化或络合，血液变成深棕褐色，并引起头痛、恶心、呕吐等。在硝基还原酶的催化下，硝基苯还原生成苯胺。偶氮苯也是一种毒性物质，在偶氮还原酶催化下也可被还原生成苯胺。苯胺本身也有毒性，需要在肝脏中进一步反应才能解毒。此外，催眠药三氯乙醛也可在肝脏被还原生成三氯乙醇而失去催眠作用。

3. 水解反应　肝细胞的胞液和微粒体中有各种水解酶，如酯酶、酰胺酶及糖苷酶等，可催化乙酰苯胺、普鲁卡因、利多卡因及简单的脂肪族酯类的水解，以减少或消除其生物活性。

（二）第二相反应

第二相反应主要是结合反应，它是体内最重要的生物转化反应类型。

有机毒物或药物，特别是具有极性基团的物质，不论是否经过氧化、还原及水解反应，大多要与体内其他化合物或基团相结合，从而遮盖了药物或毒物分子中的某些功能基团，使它们的生物活性、分子大小及溶解度等发生改变，这就是生物转化中的结合反应。结合反应往往属于耗能反应，它在保护有机体不受外来异物毒害、维持内环境稳定方面具有重要意义。结合反应可在肝细胞的微粒体、胞液和线粒体内进行。不同形式的结合反应由肝内特异的酶系所催化。常见的结合反应有葡糖醛酸结合、硫酸结合、乙酰基结合、甘氨酰基结合、甲基结合、谷胱甘肽结合及水化等。但其中以葡糖醛酸结合最为重要。

1. 葡糖醛酸结合反应　葡糖醛酸结合是最为重要和普遍的结合方式，有数千种代谢物、药物和毒物可以与葡糖醛酸（glucuronic acid，GA）结合。发生结合反应后，毒物或其他活性物质毒性降低，且易排出体外。胆红素、类固醇激素、吗啡、苯巴比妥类药物等均可在肝细胞中发生葡糖醛酸结合反应而进行生物转化。临床上，用葡糖醛酸类制剂（如肝泰乐）治疗肝病，其原理即为增强肝脏的生物转化功能。葡糖醛酸结合反应如下。

2. 硫酸结合反应　硫酸供体：3′－磷酸腺苷 5′－磷酸硫酸（PAPS），催化酶是硫酸转移酶，产物是硫酸酯。

　　雌酮　　　　　　　　　　　　　　　　　　　　　　雌酮硫酸酯

3. 与酰基结合　结合基团的直接供体是乙酰辅酶 A，需要的酶是胞液中乙酰基转移酶，产物为芳香胺、胺类、氯基酸等。

　异烟肼　　　乙酰辅酶A　　　　　　　　　　乙酰异烟肼　　　辅酶A

　　肝脏的生物转化作用范围十分广泛，除上述结合反应外，还能发生甘氨酸结合、谷胱甘肽结合、谷氨酰胺结合等生物转化。很多有毒物质进入人体后迅速集中在肝脏进行解毒，然而正是由于这些有害物质容易在肝脏聚集，如果毒物的量过多，也容易使肝脏本身中毒。因此，对肝病患者，要限制服用主要在肝内解毒的药物，以免中毒。

三、生物转化作用的意义与影响因素

（一）生物转化的意义

1. 消除外来异物。
2. 改变药物的活性或毒性。
3. 灭活体内活性物质。
4. 指导临床合理用药。

（二）生物转化的影响因素

1. 年龄因素　例如，新生儿生物转化酶发育不全，对药物及毒物的转化能力不足，易发生药物及毒物中毒等。老年人因器官退化，对氨基比林、保泰松等药物的转化能力降低，用药后药效较强，不良反应较大。

2. 性别因素　动物实验提示，不同性别动物的肝微粒体药物转化酶活性不同。如氨基比林在男性体内半衰期约为 13.4 h，女性则只有 10.3 h。

3. 肝脏病变 肝实质性病变时，微粒体中加单氧酶系和 UDP – 葡糖醛酸转移酶活性显著降低，加上肝血流量的减少，患者对许多药物及毒物的摄取、转化发生障碍，易积蓄中毒，故在肝病患者用药要特别慎重。

4. 药物或毒物的诱导作用 某些药物或毒物可诱导转化酶的合成，使肝脏的生物转化能力增强，称为药物代谢酶的诱导。例如，长期服用苯巴比妥，可诱导肝微粒体加单氧酶系的合成，从而使机体对苯巴比妥类催眠药产生耐药性。同时，由于加单氧酶特异性较差，可利用诱导作用增强药物代谢和解毒，如用苯巴比妥治疗地高辛中毒。苯巴比妥还可诱导肝微粒体 UDP – 葡糖醛酸转移酶的合成，故临床上用来治疗新生儿黄疸。另一方面由于多种物质在体内转化代谢常由同一酶系催化，同时服用多种药物时，可出现竞争同一酶系而相互抑制其生物转化作用。临床用药时应加以注意，如保泰松可抑制双香豆素的代谢，同时服用时双香豆素的抗凝作用加强，易发生出血现象。

任务三 胆汁酸代谢

一、胆汁酸的概念

胆汁酸由肝细胞分泌，是胆汁的主要成分，是一大类胆烷酸的总称，以钠盐或钾盐的形式储存在胆囊中，即胆汁酸盐，简称胆盐。

二、胆汁酸的功能

（一）促进脂类的消化吸收

胆汁酸分子内既含有亲水性的羟基、羧基，又含有疏水性的烃核与甲基。两类不同性质的基团恰位于环戊烷多氢菲核的两侧，形成亲水和疏水 2 个侧面，使胆汁酸具有较强的界面活性，能降低油水两相间的表面张力，促进脂类乳化。同时胆汁酸还能扩大脂肪和脂肪酶的接触面，加速脂类的消化。

（二）抑制胆固醇在胆汁中析出沉淀，防止胆结石生成

胆汁中胆固醇的溶解度与胆汁酸盐和卵磷脂与胆固醇的相对比例有关。如胆汁酸及卵磷脂与胆固醇比值降低，则可使胆固醇过饱合而以结晶形式析出形成胆结石。不同胆汁酸对结石形成的作用不同，鹅去氧胆酸可使胆固醇结石溶解，而胆酸及脱氧胆酸则无此作用。临床常用鹅去氧脱酸及熊去氧胆酸治疗胆固醇结石。

三、胆汁酸的代谢

（一）初级胆汁酸的生成

初级胆汁酸的生成部位：肝细胞的胞液和微粒体中。

原料：胆固醇。胆固醇转化成胆汁酸是胆固醇在体内代谢的主要去路。

限速酶：胆固醇 7α – 羟化酶。

1. 游离型胆汁酸的生成　肝细胞以胆固醇为原料直接合成的胆汁酸，包括胆酸、鹅脱氧胆酸。7α – 羟化酶是胆汁酸合成过程的限速酶。

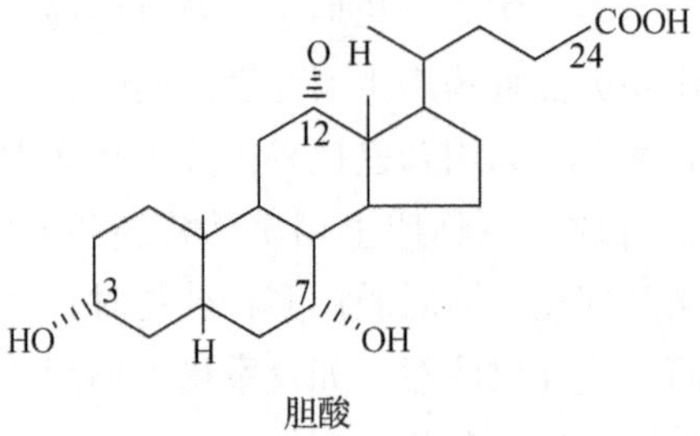

胆酸

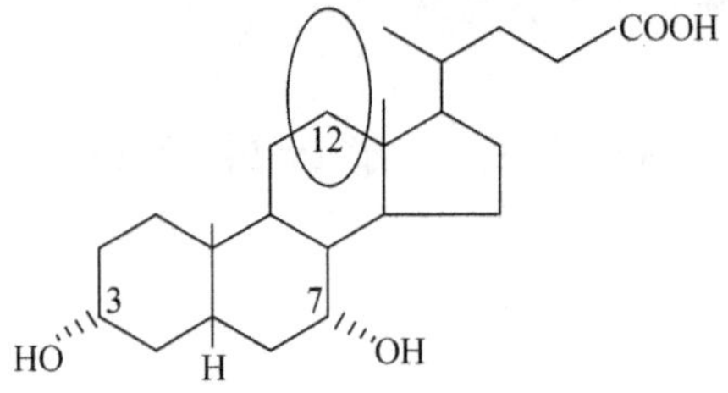

鹅脱氧胆酸

2. 结合型胆汁酸的生成　游离胆汁酸（胆酸、鹅脱氧胆酸）可分别与牛磺酸或甘氨酸结合形成结合胆汁酸，包括甘氨胆酸、牛磺胆酸、甘氨鹅脱氧胆酸、牛磺鹅脱氧胆酸。

结合胆汁酸极性增强、水溶性更大，常与钠、钾离子结合成胆汁酸盐，简称胆盐，并以此形式随胆汁经胆管排入胆囊。

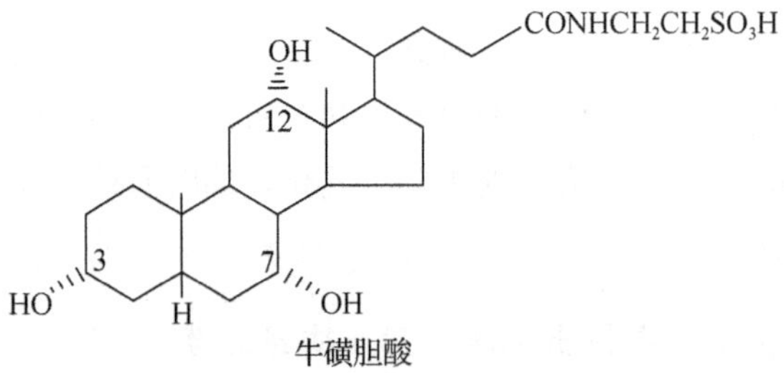

牛磺胆酸

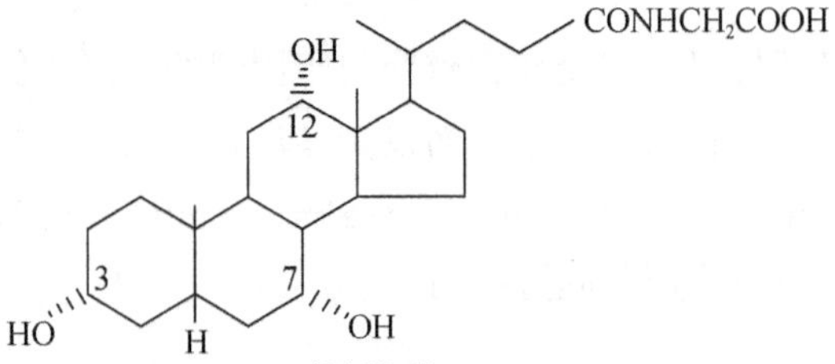

甘氨胆酸

（二）次级胆汁酸的生成

结合型胆汁酸排入肠道后，发挥其促进脂类物质的消化吸收作用，同时在小肠下段和大肠部位受肠道细菌作用，一部分逐步水解脱去甘氨酸或牛磺酸及 7α – 羟基，使牛磺胆酸转变为脱氧胆酸，甘氨鹅脱氧胆酸转变为石胆酸。

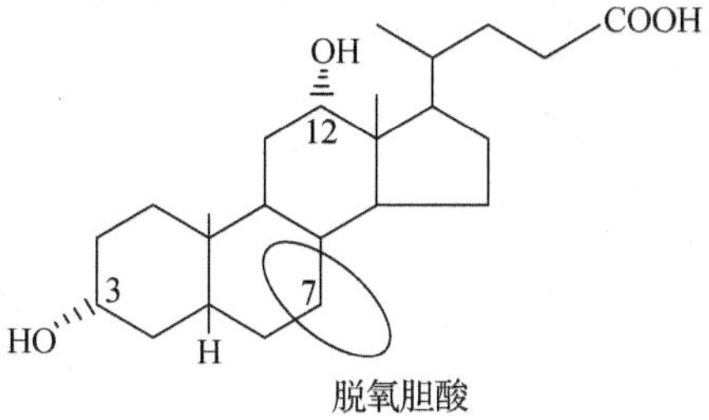

脱氧胆酸

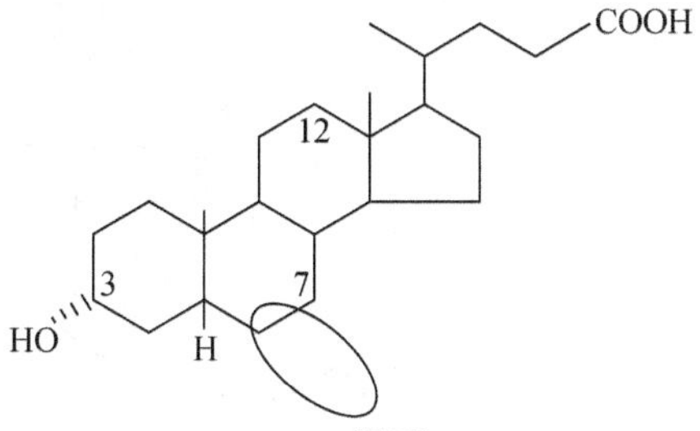

石胆酸

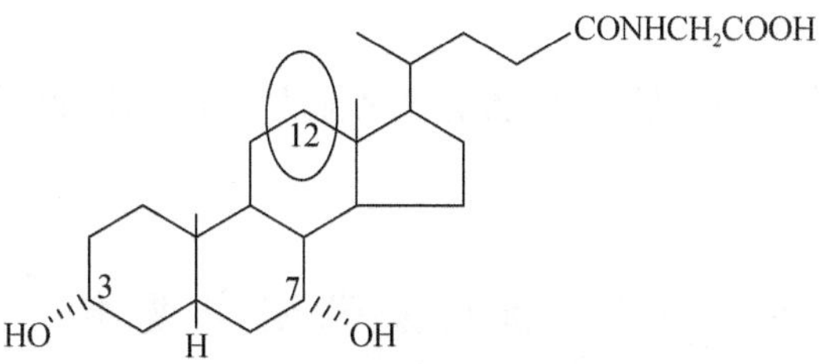

甘氨鹅脱氧胆酸

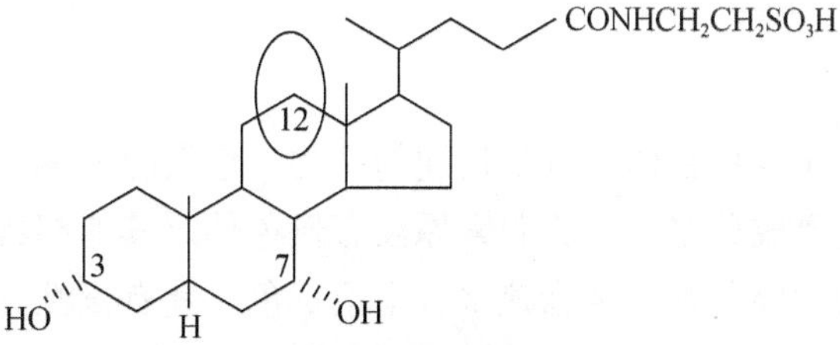

牛磺鹅脱氧胆酸

（三）胆汁酸的肠肝循环

胆汁酸是胆固醇代谢的主要终产物，排入肠道的各种胆汁酸 95% 以上被肠壁重吸收入血，其中以回肠部位对结合型胆汁酸的主动重吸收为主，其余在肠道各段被动重吸收。由肠道重吸收的胆汁酸（包括初级和次级胆汁酸、结合型和游离型胆汁酸）均由门静脉进入肝脏，在肝脏中游离型胆汁酸再转变为结合型胆汁酸，再随胆汁排入肠腔。此过程称为胆汁酸的肠肝循环（图 9-2）。

通过胆汁酸肠肝循环，有限的胆汁酸得以重复利用，不断促进脂类的消化与吸收。

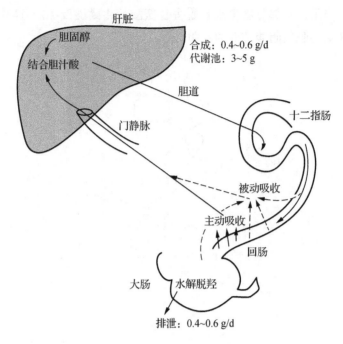

图 9-2 胆汁酸的肠肝循环

腹泻或回肠大部分切除，使胆汁酸的肠肝循环能力减弱，胆汁内胆固醇比例升高，极易形成胆固醇结石。

任务四　胆色素代谢与黄疸

一、胆色素代谢

胆色素是含铁卟啉化合物在体内分解代谢的产物，包括胆绿素、胆红素、胆素原和胆素等化合物，是胆汁的主要成分之一，除胆素原没有颜色外，其他都具有一定颜色，故称为胆色素。胆红素是胆汁的主要色素，亲脂疏水，呈橙黄色，具有毒性，对大脑和神经系统引起不可逆的损害。肝是胆红素代谢的主要器官，胆红素的代谢包括胆红素的生成、运输、转化、排泄四个过程。

（一）胆红素生成

体内约80%的胆红素来源于衰老的红细胞内血红蛋白分解，其余的则来源于肝内非蛋白含铁卟啉化合物的分解。正常成人每日生成的胆红素为250～350 mg。

体内红细胞的平均寿命约为120天，衰老的红细胞在肝、脾及骨髓的单核吞噬细胞系统的作用下释放出血红蛋白，血红蛋白被分解为珠蛋白和血红素。血红素在微粒体中血红素加氧酶催化下，释出 CO、Fe^{3+} 生成胆绿素。胆绿素呈蓝绿色，溶于水，不易透过细胞膜，性质不稳定，在胞液中进一步被胆绿素还原酶（辅酶为 NADPH）还原为胆红素，血红素加氧酶是胆红素生成的限速酶（图 9-3）。

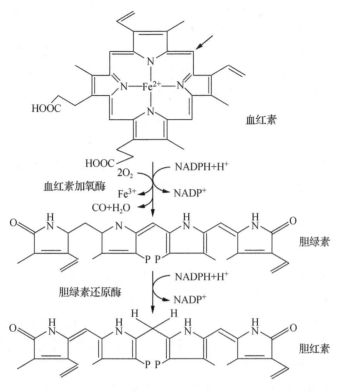

图 9-3 胆红素生成

（二）胆红素的运输

胆红素能自由透过细胞膜进入血液，与血浆清蛋白结合成胆红素 – 清蛋白。以胆红素 –清蛋白的形式在血液中运输。

胆红素 – 清蛋白尚未经过肝细胞的结合反应，故称为非结合胆红素（因必须先加入乙醇或尿素后，才能与重氮试剂反应生成紫红色偶氮化合物，称为范登堡试验的间接反应，又称间接反应胆红素）。胆红素 – 清蛋白的形成增加了胆红素在血浆中的溶解度，既便于运输，也限制了胆红素自由透过各种生物膜进入组织产生毒性作用。

（三）胆红素在肝中的转化与排泄

1. 胆红素在肝中的摄取　当胆红素 – 清蛋白随血液运输到肝后，由于肝细胞具有极强的摄取胆红素的能力，胆红素迅速脱离清蛋白，被肝细胞摄取，胆红素与胞质中可溶性载体Y 蛋白或 Z 蛋白结合生成胆红素 –Y 蛋白或胆红素 –Z 蛋白，这种结合促使血中的胆红素不断向肝细胞同渗入，又防止胆红素反流入血，并运输到内质网进行代谢转化。

Y 蛋白结合胆红素的能力比 Z 蛋白强，一般新生儿在出生七天后 Y 蛋白才达到正常成人水平，因此新生儿易发生生理性黄疸。

2. **胆红素在肝中的转化**　肝细胞内质网中有 UDPGA 转移酶，它可催化胆红素与葡糖醛酸结合生成胆红素葡糖醛酸酯，称为结合胆红素。结合胆红素较未结合胆红素脂溶性弱，而水溶性增强，与血浆白蛋白亲和力减小，故易从胆道排出，也易透过肾小球从尿排出。但不易通过细胞膜和血脑屏障，因此不易造成组织中毒，是胆红素解毒的重要方式。

3. **肝脏对胆红素的排泄作用**　结合胆红素在高尔基复合体、溶酶体等作用下运输至毛细胆管随胆汁排出，这是一个逆浓度梯度的耗能过程，是肝脏处理胆红素的一个薄弱环节，容易受损，排泄过程如发生障碍，则结合胆红素可返流入血，使血中结合胆红素水平增高，导致"高胆红素血症"。

糖皮质激素不仅能诱导葡糖醛酸转移酶的生成，促进胆红素与葡糖醛酸结合，而且对结合胆红素的排出也有促进作用。因此，可用此类激素治疗高胆红素血症。

（四）胆红素在肠道中的转变

结合胆红素随胆汁排入肠道后，自回肠下段至结肠，在肠道细菌作用下，由 β-葡糖醛酸酶催化水解脱去葡糖醛酸，释放出胆红素，后者再逐步还原成为无色的胆素原，即中胆素原、粪胆素原及尿胆素原。粪胆素原在肠道下段或随粪便排出后经空气氧化，可氧化为棕黄色的粪胆素，它是正常粪便中的主要色素。正常人每日从粪便排出的胆素原为 40 ~ 80 mg。当胆道完全梗阻时，因结合胆红素不能排入肠道，不能形成粪胆素原及粪胆素，粪便则呈灰白色。临床上称之为"白陶土"样便。

生理情况下，肠道中有 10% ~ 20% 的胆素原可被重吸收入血，经门静脉进入肝脏。进入肝脏的胆素原约 90% 由肝脏摄取，约 10% 则进入体循环。被肝脏摄取的胆素原以原形再次经胆汁分泌排入肠腔，此过程称为胆色素的肠肝循环（图 9-4）。

二、黄疸

正常人血清中的总胆红素量不超过 17.1 μmol/L，其中未结合型约占 4/5，结合型约占 1/5。当机体内胆红素代谢发生异常导致胆红素过多时，血清中的胆红素含量升高，称为高胆红素血症。因胆红素呈金黄色，当血清中胆红素浓度增高时，可扩散入组织，使巩膜、黏膜、皮肤及其他组织被染成黄色，称为黄疸。黄疸程度与血清胆红素的浓度密切相关，当血清总胆红素在 17.1 ~ 34.2 μmol/L，肉眼看不出黄疸，称隐性黄疸；当血清总胆红素浓度超过 34.2 μmol/L 时，临床上即可发现黄疸，也称为显性黄疸。两类胆红素的比较见表 9-1。

表 9-1　两类胆红素的比较

类别	非结合胆红素	结合胆红素
常见名称	间接胆红素、血胆红素	直接胆红素、肝胆红素
是否结合葡糖醛酸	未结合	结合
与重氮试剂反应	加乙醇或尿素后才发生反应	直接反应
是否溶于水	难溶于水	水溶性强
经肾脏随尿液排出	不能	能

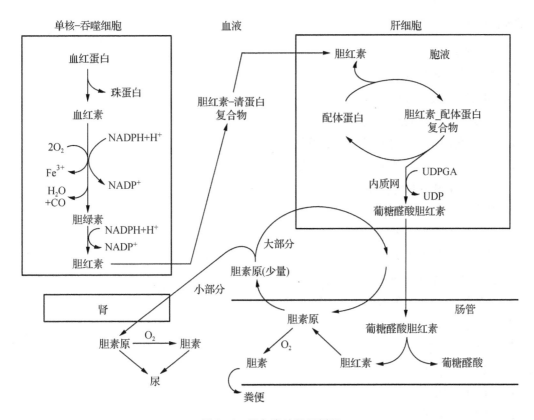

图 9-4 胆色素的肠肝循环

根据成因不同，可将黄疸可分三类（表 9-2）：因红细胞大量破坏，网状内皮系统产生的胆红素过多，超过肝细胞的处理能力，而引起血中未结合胆红素浓度异常增高者，称为溶血性黄疸或肝前性黄疸；因肝细胞功能障碍，对胆红素的摄取结合及排泄能力下降所引起的高胆红素血症，称为肝细胞性或肝原性黄疸；因胆红素排泄的通道受阻，使胆小管或毛细胆管压力增高而破裂，胆汁中胆红素反流入血而引起的黄疸，称为梗阻性黄疸或肝后性黄疸。

视频 13
黄疸机理
分析

表 9-2　三类黄疸对应的血、尿、粪变化情况

指标	正常	溶血性黄疸	肝细胞性黄疸	阻塞性黄疸
血清胆红素				
总量	<1 mg/dL	>1 mg/dL	>1 m/dL	>1 mg/dL
结合胆红素	0~0.8 mg/dL		↑	↑↑
游离胆红素	<1 mg/dL		↑↑	↑
尿三胆				
尿胆红素	–	–	+ +	+ +
尿胆素原	少量	↑	不一定	↓
尿胆素	少量	↑	不一定	↓
粪便颜色	正常	深	变浅或正常	完全阻塞时陶土色

目标检测

一、单选题

1. 下列说法错误的是（　　）

A. 初级胆汁酸在肝中生成

B. 次级胆汁酸在肠道中生成

C. 排入肠道的胆汁酸大部分被重吸收

D. 排入肠道的胆汁酸大部分从肠道排出体外

2. 生物转化最主要的作用是（　　）

A. 使药物失效

B. 使毒物的毒性降低

C. 使生物活性物质灭活

D. 改变非营养性物质极性，利于排泄

3. 下列哪种不是肝在脂类代谢中特有的作用（　　）

A. 酮体的生成

B. LDL 的生成

C. VLDL 的生成

D. 胆汁酸的生成

E. LCAT 的生成

4. 在体内可转变生成胆汁酸的原料是（　　）

A. 胆汁

B. 胆固醇

C. 胆绿素

D. 血红素

E. 胆素

5. 在体内可转变生成胆色素的原料是（　　）

A. 胆汁

B. 胆固醇

C. 胆绿素

D. 血红素

E. 胆素

二、多选题

6. 以下属于初级胆汁酸成分是（　　）

A. 脱氧胆酸

B. 胆酸

C. 甘氨鹅脱氧胆酸

D. 牛磺胆酸

7. 以下属于次级胆汁酸的成分是（　　）

A. 脱氧胆酸

B. 胆酸

C. 鹅脱氧胆酸

D. 石胆酸

8. 有关游离胆红素的叙述，正确的是（　　）

A. 又称为间接胆红素

B. 于脂溶性物质，易通过细胞膜对脑产生毒性作用

C. 镇痛药及抗炎药可降低其对脑的毒性作用

D. 不易经肾随尿排出

9. 关于生物转化作用，下列正确的是？（　　）

A. 具有多样性和连续性的特点

B. 常受年龄，性别，诱导物等因素影响

C. 有解毒与致毒的双重性

D. 使非营养性物质极性降低，利于排泄

10. 下列哪些酶可以在肝细胞内发挥催化的作用？（　　）

A. 乳酸脱氢酶（LDH）

B. 卵磷脂胆固醇酰基转移酶（LCAT）

C. 酰基辅酶 α - 胆固醇酰基转移酶（ACAT）

D. 谷丙转氨酶（ALT）

三、简答题

1. 什么是激素灭活？有什么意义？

2. 什么是生物转化？有哪些类型？

3. 什么是未结合胆红素、结合胆红素？胆红素是以什么形式在血液中运输？

四、拓展题

1. 扮演护士，向新生儿父母解释生理性黄疸发生的生化机制。

2. 扮演社区护士，就"常见肝脏功能异常发生的生化机制及如何预防"向人群进行健康教育。

选择题答案

1	2	3	4	5	6	7	8	9	10
C	C	B	B	D	BCD	AD	ABC	ABCD	ACD

项目十　体液生化

思维导图

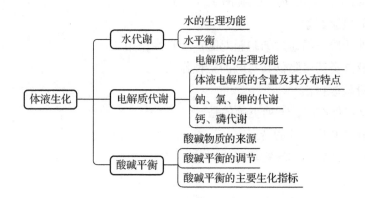

```
                        ┌─ 水代谢 ─┬─ 水的生理功能
                        │          └─ 水平衡
                        │
                        │              ┌─ 电解质的生理功能
                        │              ├─ 体液电解质的含量及其分布特点
体液生化 ─┼─ 电解质代谢 ─┼─ 钠、氯、钾的代谢
                        │              └─ 钙、磷代谢
                        │
                        │              ┌─ 酸碱物质的来源
                        └─ 酸碱平衡 ─┼─ 酸碱平衡的调节
                                       └─ 酸碱平衡的主要生化指标
```

学习目标

知识目标

1. 说出水和电解质的生理功能，体液电解质的含量及其分布特点。

2. 说出血钙的存在形式及相互转变，会分析活性维生素 D_3、甲状旁腺素、降钙素对钙磷代谢的影响。

3. 解释酸碱平衡的概念，说出血浆中主要缓冲对的作用和意义，肺与肾脏在调节酸碱平衡中作用及意义。

4. 理解血液 pH、二氧化碳分压、二氧化碳结合力的概念及意义。

能力目标

1. 能够说出酸碱平衡失调的类型及常见原因。

2. 能够运用人体中水、电解质代谢的理论知识进行护理指导。

素质目标

1. 具备科学精神、工匠精神、尊重生命职业素养。

2. 具备创新能力、问题求解能力、思维能力。

案例导学

29 岁的郝先生 5 日晚与朋友一起踢足球赛。他司职前锋，在 90 多分钟里一直满场飞奔。比赛结束后，汗如雨下的郝先生拿起矿泉水一顿猛灌，一连喝下 5 瓶。不料十余分钟后，他开始出现头晕、呕吐、心跳不平稳等症状，被队友急送到医院。经诊断，郝先生为水中毒。

问题思考：

1. 为什么郝先生猛灌 5 瓶矿泉水可导致水中毒？

2. 正常人每天水的摄入量是多少？

3. 水的功能有哪些？水的来源与去路有哪些？

人体内水分及溶解在水中的无机盐、有机物统称体液。水是体液中的主要成分，也是人体内含量最多的物质。体液中主要的电解质有 Na^+、K^+、Ca^{2+}、Mg^{2+}、Cl^-、HCO_3^-、HPO_4^{2-} 和 SO_4^{2-}，以及一些有机酸和蛋白质等，体液电解质并不是平均分配的，而是在血浆、组织间液和细胞内液电解质的分布各具特点，这对于维持各部分体液的渗透压非常重要。细胞的正常代谢和功能与体内水、电解质的含量、分布、组成保持相对稳定密切相关，环境变化和某些疾病等可导致水、电解质平衡失调，引起严重后果，甚至危及生命。

任务一 水代谢

一、水的生理功能

水是组成体液的主要成分，活细胞中最丰富的化合物，对人体正常的物质代谢具有特殊重要的作用。

（一）调节体温

水的比热较大，体内产热过多时，则被水分吸收，通过体温交换和血液循环，经皮肤或呼气散发而使体温不升高。同时，天气炎热时，可通过出汗喘息等蒸发散热方式进行降温。

（二）促进物质代谢

水有很高的电解常数，溶解力强，是良好的溶剂。营养物质的消化、吸收、运输、排泄，都离不开水。一切生物的氧化和酶促反应都有水参加，在体内的消化、吸收、分解、合成、氧化还原及细胞呼吸过程等都有水的参与。

（三）润滑作用

水具有润滑作用，通过体液的循环，还可加强各器官联系，减少体内关节和器官间的摩擦和损伤，并可使器官运动灵活。

（四）维持组织的形态与功能

水是细胞组织的组成成分。生物体内的水大部分与蛋白质结合形成胶体，这种结合使组织细胞具有一定的形态、硬度和弹性。水是构成细胞胶态原生质的重要成分，失掉了水，细胞的胶态即无法维持，各种代谢就无法进行。

二、水平衡

（一）水的来源

1. 饮水　一般一个正常的成年人一天饮水量为 1000 ~ 1500 mL，饮水量随气候、劳动和生活习惯而不同。

2. 食物水　不同的食物含水量各有不同，成人一般每日从食物中摄取约 1000 mL 的水。

3. 代谢水（内生水）　物质代谢过程中会生成水，一般是由体内的糖、脂肪和蛋白质等物质氧化产生。每日生成的代谢水约为 300 mL。对于急性肾衰竭的患者，要严格限制水入量时，需将代谢水记录出入量。

人体内的水最主要的来源是饮水和食物，物质代谢产生的水相对稳定（表 10-1）。

（二）水的去路

1. 肾排出　肾是排水最主要的器官，每天约排 1500 mL。肾以尿的形式排出水溶性代谢产物、无机盐、过多的酸碱及多余的水分，对细胞外液的容量、渗透压、pH 起重要的调节作用。禁食患者若其肾功能良好，并发挥它的最大浓缩功能，每日排出废物需有最低尿量 500 mL；若低于此量，体内代谢废物就不能顺利排出，潴留在体液中可导致氮质血症；若每日尿量低于 100 mL，则视为无尿。

2. 皮肤蒸发　经过皮肤向体外蒸发约 500 mL。在估计患者液体消耗量时，应包括此部分。体温每升高 1 ℃，皮肤蒸发增加 3 ~ 5 mL/kg，大量出汗时估计损失 1000 mL 体液。

3. 肺呼出　呼吸时以水蒸气形式排出约 350 mL，气管切开后，呼吸道蒸发量是正常情况的 2 ~ 3 倍，24 h 失水 800 ~ 1200 mL。

4. 粪便排出　成人每日约有 8000 mL 的消化液进入消化道，内含多种电解质，大多数水分及电解质被重吸收，由便排出的水约 150 mL。

正常成人每天进、出水量分别约 2500 mL。临床工作中，对需要补充液体的患者，在计算应该摄入的水量时，以保证每日排出的水量 2000 ~ 2500 mL 为原则。当患者由于心、肾功能障碍或其他原因使其不能耐受如此大量的液体时，可适当减少补水量，以保证每日最低排水量 1200 ~ 1500 mL（尿量 500 mL、汗液 500 mL、肺呼出 350 mL、粪便排出 150 mL，除去代谢水 300 mL）为原则，给予补充所需水量，将此称为每日水需要量或最低给水量。此外，儿童、孕妇和恢复期的患者，需保留部分水作为组织生长、修复的需要，故他们的摄入量略大于排水量。婴幼儿新陈代谢旺盛，每天水的需要量按体重（kg）计算比成年人高 2 ~ 4 倍，但因其神经、内分泌系统发育尚不健全，肾调节能力较弱，所以婴幼儿比成年人更易发生水的平衡失调。

表 10-1　正常成人日水的出入量（mL）

水的摄入量		水的排出量	
饮水	1200	呼吸蒸发	350
食物水	1000	皮肤蒸发	500
代谢水	300	粪便排出	150
总量	2500	尿排出	1500
		总量	2500

任务二　电解质代谢

一、电解质的生理功能

（一）维持体液渗透压和酸碱平衡

无机盐在体内以解离状态存在，其中 Na^+、Cl^- 是维持细胞外液渗透压的主要无机盐离子；K^+、HPO_4^{2-} 是维持细胞内液渗透压的主要离子。常人体细胞内、外液渗透压基本相等，由此维持细胞内、外液水的动态平衡。

体液电解质组成缓冲对调节酸碱平衡。血浆缓冲对主要有 $NaHCO_3/H_2CO_3$、Na_2HPO_4/NaH_2PO_4、NaPr/HPr，红细胞缓冲对主要有 $KHCO_3/H_2CO_3$、K_2HPO_4/KH_2PO_4、KHb/HHb、$HbO_2/HHbO_2$。血浆中缓冲容量最大的缓冲对为 $NaHCO_3/H_2CO_3$，红细胞中缓冲容量最大的缓冲对为 KHb/HHb 和 $KHbO_2/HHbO_2$，二者各占总缓冲容量的 35%。上述缓冲对处于分子位置的物质具有抗酸作用，可以缓冲酸使其酸性减弱；处于分母位置的物质具有抗碱作用，可以缓冲碱使其碱性减弱。

（二）维持神经、肌肉正常的应激性

神经、肌肉的应激性需要体液中一定浓度和比例的电解质来维持。当钠离子、钾离子过低时，神经肌肉应激性降低，可出现四肢无力甚至麻痹；钙离子、镁离子过低时，神经、肌肉应激性增高，可出现手足抽搐。

$$神经、肌肉的兴奋性 \propto \frac{[Na^+] + [K^+]}{[Ca^{2+}] + [Mg^{2+}] + [H^+]}$$

（三）维持或影响酶的活性

多种无机离子作为金属酶或金属活化酶的辅助因子，在细胞水平对物质代谢进行调节。例如羧肽酶含锌，黄嘌呤氧化酶含锰，多种激酶需镁离子激活，淀粉酶需氯离子激活。

（四）构成骨骼、牙齿及其他组织的成分

无机盐在人体内的含量不多，仅占体重的 4% 左右，无机盐中含有的钙磷是构成骨骼和

牙齿的重要成分，铁是构成血红蛋白的一种成分，碘是合成甲状腺激素的原料。骨组织主要含无机盐，其中阳离子主要为 Ca^{2+}，其次为 Mg^{2+}、Na^+ 等；阴离子主要为 PO_4^{3-}，其次为 CO_3^{2-}、OH^- 及少量的 CL^- 和 F^-。骨中的 Ca^{2+} 和 PO_4^{3-} 有两种形式，即无定形的磷酸氢钙 $[Ca_8H_2(PO_4)_6 \cdot 5H_2O]$ 和高度结晶的羟磷灰石 $[Ca_{10}(PO_4)_6(OH)_2]$ 或 $[Ca_5(PO_4)_3OH]$，这是骨骼和牙齿中主要成分。其他组织和体液也含有无机盐。

（五）构成体内有特殊功能的化合物

无机离子可构成体内有特殊功能的化合物，如血红蛋白和细胞色素中的铁、维生素 B_{12} 中的钴、甲状腺素中的碘、磷脂和核酸中的磷等。

二、体液电解质的含量及其分布特点

（一）体液电解质的含量

体液中主要的阳离子有 Na^+、Ca^{2+}、Mg^{2+}、K^+，阴离子有 CL^- 和 HCO_3^- 有机酸根和蛋白质负离子等。种类及含量见表10-2。

表10-2 体液中电解质含量（mmol/L）

电解质	血浆		细胞间液		细胞内液	
	离子	电荷	离子	电荷	离子	电荷
阳离子						
Na^+	145	145	139	139	10	10
K^+	4.5	4.5	4.0	4.0	158	158
Mg^{2+}	0.8	1.6	0.5	1	15.5	31
Ca^{2+}	2.5	5	2.0	4.0	3	6
阳离子总量	152.8	156	145.5	148	186.5	205
阴离子						
CL^-	103	103	112	112	1	1
HCO_3^-	27	27	25	25	10	10
HPO_4^{2-}	1	2	1	2	12	24
SO_4^{2-}	0.5	1	0.5	1	9.5	19
蛋白质	2.25	18	0.25	2	8.1	65
有机酸	5	5	6	6	16	16
有机磷酸					23.3	70
阴离子总量	138.75	156	144.75	148	79.9	205

（二）体液电解质的分布特点

1. 体液电解质含量若以电荷的毫摩尔/升（mmol/L）表示，无论细胞外液或细胞内液，阴、阳离子电荷总数相等而呈电中性。

2. 细胞外液最主要的阳离子为 Na^+，主要阴离子为 CL^- 和 HCO_3^-；细胞内液最主要的阳离子为 K^+，主要阴离子为蛋白质负离子及磷酸氢根阴离子（以 HPO_4^{2-} 表示）。

3. 细胞内外液的渗透压基本相等。

溶液的渗透压取决于溶质分子和离子的数目，体液中起渗透作用的溶质主要是电解质。正常情况下，细胞外液和细胞内液渗透压相等，正常血浆渗透压为 280~310 mmol/L。渗透压的稳定是维持细胞内、外液平衡的基本保证。人体在疾病状态下，可能会出现水电解质紊乱及酸碱失衡，从而导致细胞内液和外液的渗透压变化，如得不到及时纠正，会引起严重后果，甚至危及生命。

4. 血浆中蛋白质含量远大于组织间液，可形成有效的胶体渗透压，对于维持血容量及血浆与组织间液水的交换，具有重要作用。

三、钠、氯、钾的代谢

（一）钠、氯的代谢

1. 含量与分布　钠、氯是细胞外液中主要阳离子和阴离子，每千克体重含钠 40~50 mmol/kg，体内钠约50%分布于细胞外液，40%~45%存于骨骼，其余存在于细胞内。正常人血清钠浓度为 135~145 mmol/L。

氯主要存在于细胞外液，正常人血清氯浓度为 98~106 mmol/L。

2. 吸收与排泄　一般成人每天的生理需要量为 4.5~9.0 g，钠的摄入主要是通过食物，尤其是食盐（NaCL）机体通过膳食及食盐形式摄入，每日摄入的钠几乎全部都由胃肠道吸收。

钠排出的主要途径是肾脏、皮肤及消化道。皮肤对钠的排泄主要是通过汗液进行排出，特殊情况下，如大量出汗等，通过皮肤排出的钠则大大增加，少量的钠随粪便排出。一般情况下肾脏是钠的主要排泄器官，肾对钠的排出特点是"多吃多排，少吃少排，不吃不排"。

（二）钾的代谢

1. 含量与分布　钾是细胞内液的主要阳离子之一，正常成人钾的含量为 31~57 mmol/kg 体重，正常人血清钾浓度为 3.5~5.5 mmol/L。钾98%主要分布在细胞内液，只有2%在细胞外液。

Na^+、K^+ 在细胞内外分布均匀，呈膜内高钾膜外高钠的不均匀离子分布。因为细胞膜上有钠钾泵，每次消耗1分子 ATP，向细胞外泵出3个钠离子，向细胞内泵进2个钾离子。钾离子的作用是控制细胞膜内的渗透压，而钠离子控制的是细胞膜外的渗透压。

2. 吸收与排泄　成人每天钾的需要量为 2~3 g。钾的来源全靠从食物中获得，健康人每日摄入的钾足够生理需要，来自食物的钾90%被消化道吸收，未被吸收的部分则从粪便中排出。

正常人排钾的主要途径是尿液，80%～90%钾经肾脏随尿排出。排出特点是"多吃多排，少吃少排，不吃也排"，所以禁食的患者应注意补钾。

四、钙、磷代谢

钙磷是体内含量最多的无机元素。钙占成人体重的1.5%～2.2%，总量为700～1400 g。磷占成人体重的0.8%～1.2%，总量为400～800 g。体内99%以上的钙和86%左右的磷以羟磷灰石形式构成骨盐，参与骨骼的形成；极少量的钙和磷分布于体液和软组织中，且以溶解状态存在。体内钙的存在状态如下所示。

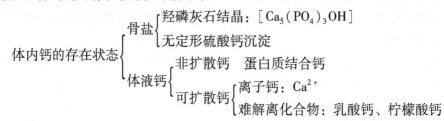

（一）钙磷的生理功能

1. 钙的生理功能

（1）构成牙齿和骨骼的主要成分：能够对身体起到支持和保护的作用，严重缺钙会导致骨骼和牙齿发育迟缓，骨骼变形等症状。

（2）重要的调节物质：钙对于维持人体内酸碱平衡和维持及调节体内许多生化过程是必要的，钙还会影响体内多种生物酶的活动，例如脂肪酶、ATP酶、淀粉酶等等都会受到钙离子的调节，此外钙离子还被称为人体内的第2信使和第3信使，如果人体缺钙就会导致蛋白质、脂肪、碳水化合物不能被充分利用，同时还会导致厌食、营养不良、发育迟缓、便秘、免疫功能下降等。

（3）降低毛细血管及细胞膜的通透性：钙对于维持细胞膜的通透性和完整性是必要的，能影响膜的通透性，可以降低毛细血管的通透性，防止渗出，控制炎症和水肿；如果人体缺钙就会引起多种过敏性疾病，例如荨麻疹、哮喘、水肿、婴儿湿疹等。

（4）降低神经肌肉的兴奋性，促进心肌的收缩：钙还可以参与神经和肌肉的应激过程，在细胞水平上作为神经和肌肉兴奋—收缩之间的偶联因子；促进神经介质释放和分泌腺分泌激素的调节剂，能够传导神经冲动，维持心跳的节律等等。

（5）参与血液凝固：钙还能参与血液的凝固、细胞黏附。人体如果严重缺钙，遇到外伤可以导致流血不止，甚至引起自发性内出血；缺钙还会引起人体患上动脉硬化、骨质疏松等疾病；还可以引起细胞分裂亢进，导致恶性肿瘤；引起内分泌功能低下，进而导致高脂血症、糖尿病、肥胖症；引起免疫功能低下导致多种细菌感染，此外还会出现心血管疾病、高血压、老年性痴呆等。

2. 磷的生理功能

（1）参与多种物质的组成：如 DNA、RNA 及磷脂、磷蛋白等重要生物大分子都含有磷酸。

（2）参与代谢：磷酸参与糖、脂类、蛋白质代谢及磷酸化过程，产生高能磷酸化合物如 ATP 等。

（3）构成磷酸盐缓冲对：如可构成 Na_2HPO_4/NaH_2PO_4、K_2HPO_4/KH_2PO_4 等缓冲对，在维持机体酸碱平衡中发挥作用。

（4）磷酸是各种游离核苷酸的组成成分。

这些游离核苷酸在体内可参与许多物质的代谢反应。

（二）钙磷的吸收与排泄

1. 钙的吸收与排泄

（1）钙的吸收：成人每日需钙量 0.5～1.0 g，妊娠妇女和儿童 1.0～1.5 g。普通膳食一般能满足成人每日的需钙量。食物中的钙大部分为不溶性的钙盐，需要在消化道（在酸性环境中钙盐的溶解度可加大）转变成 Ca^{2+} 才能被吸收。因此，钙的吸收主要在酸度较高的小肠上段、十二指肠和空肠。

影响钙吸收的因素主要有以下 4 个方面。①维生素 D：维生素 D 能促进肠道对钙、磷的吸收。婴幼儿缺乏维生素 D 时，肠道吸收钙的能力仅为正常的 25%，补充维生素 D 后其吸收能力显著增加。因此，缺钙患者在补充钙剂的同时，给予一定量的维生素 D，能收到更好的治疗效果。②饮食：食物中凡能降低肠道 pH 的成分都可促进钙的吸收，如乳酸、氨基酸等。因此，处于生长发育期的儿童多喝酸奶既可调节肠道菌群关系，又可促进肠道对钙的吸收。食物中若含有过多的碱性磷酸盐、草酸盐及植酸，可与钙结合生成不溶性的钙盐而阻碍钙的吸收。③年龄：钙的吸收率与年龄呈反比。婴儿和儿童的钙吸收率较好，可分别吸收食物钙 50% 和 40% 以上；成人食物钙吸收率为 20%～30%，随着年龄的增长还会下降，这是老年人易缺钙而发生骨质疏松的原因之一，所以老年人可适当服用钙剂以防骨质疏松症。④肠蠕动情况：除上述因素外，肠蠕动情况也会影响钙的吸收。如腹泻时肠蠕动加快，食物在肠道停留的时间短，钙的吸收可减少。

（2）钙的排泄：人体每日排出的钙，约 80% 经肠道排泄，20% 经肾排泄。血浆中的钙每日约有 10 g 进入肾小管，但其 95% 以上被肾小管重吸收，随尿排出的钙仅为 0.5%～5%。肾小管对钙的重吸收受维生素 D 及甲状旁腺素的控制。

2. 磷的吸收与排泄

（1）磷的吸收：磷的吸收部位也是在 pH 较低的小肠上段。成人每日需磷量 1.0～1.5 g。食物中的磷大部分以磷酸盐、磷脂、磷蛋白、磷酸酯形式存在，它们经消化水解成无机磷酸盐后才能被吸收。由于人体肠道对食物磷吸收较易（吸收率达 70%），若血磷下降时吸收率可达 90%，因此缺磷患者罕见。

（2）磷的排泄：磷的排泄有两条途径，一是肠道排出，占总排磷量的 20%～40%；二是肾排出，占总排磷量的 60%～80%。

磷的排泄影响因素除维生素 D 和甲状旁腺素的控制外，还与血磷浓度及肾小管重吸收有关。当血磷浓度下降时，肾小管重吸收磷增强，尿磷排出减少；当肾功能不全时，肾滤过率下降，尿磷排出就减少，血磷浓度可升高。故当肾衰竭时可引起高血磷。

（三）血钙与血磷

1. 血钙　由于血液中的钙几乎全部存在于血浆中，所以血钙主要指血浆钙（临床上一般采用血清标本来进行测定）。血钙水平仅在极小范围内波动，正常人血钙浓度：成人为 2.03～2.54 mmol/L，儿童为 2.25～2.67 mmol/L。

血钙主要以离子钙和结合钙两种形式存在，各约占 50%。结合钙绝大部分与血浆蛋白质（主要是清蛋白）结合，小部分与柠檬酸、重碳酸盐结合为柠檬酸钙、磷酸氢钙等。由于血浆蛋白结合钙不能透过毛细血管壁，故称为非扩散钙；离子钙和柠檬酸钙等可以透过毛细血管壁，则称为可扩散钙。血浆蛋白结合钙与离子钙之间处于一种动态平衡，此平衡受血液 pH 的影响。

当血液 $[H^+]$ 增高（即 pH 下降），如尿毒症合并代谢性酸中毒的患者，Ca^{2+} 浓度则升高；当血液 $[H^+]$ 降低（即 pH 升高），如碱中毒患者，Ca^{2+} 浓度则下降，严重时可出现低血钙引起的抽搐现象。

2. 血磷　血磷实际上是指血浆中的无机磷，以 HPO_4^{2-} 和 $H_2PO_4^-$ 两种形式存在，前者占 80%，后者占 20%。由于磷酸根不易测定，所以通常以无机磷表示。正常人血磷浓度：成人为 0.96～1.62 mmol/L，儿童为 1.45～2.10 mmol/L。

血钙和血磷浓度保持一定的数量关系。当血钙和血磷浓度以 "mg/dL" 表示时，正常人钙磷乘积（$[Ca] \times [P]$）= 35～40，当两者乘积大于 40 时，钙、磷以骨盐的形式沉积于骨组织中；若两者乘积小于 35 时，则会影响骨组织的钙化和成骨作用，甚至会发生骨盐再溶解而产生佝偻病及软骨病。

（四）钙、磷代谢的调节

调节钙、磷代谢的目的主要是维持血钙水平的恒定及骨组织的正常生长。体内钙和磷两者的代谢调节相互关联，密不可分。主要受到活性维生素 D、甲状旁腺素、降钙素三者的调节。

1. 活性维生素 D　维生素 D 的活化是在肝（由 25 - 羟化酶催化）和肾（由 1 - α - 羟化酶催化）中进行的，其主要生理作用如下。

（1）促进小肠对钙、磷的吸收。

（2）促进肾小管对钙、磷的重吸收。

（3）促进代谢（促进溶骨与成骨作用）。

（4）维持血钙、血磷水平和骨组织的正常钙化。

总之，活性维生素 D 作用主要是升血钙，升血磷。

2. 甲状旁腺素　甲状旁腺素（parathyroid hormone，PTH）是由甲状旁腺主细胞所分泌的一种由 84 个氨基酸残基组成的肽类激素。对钙、磷代谢的调节是通过其靶器官肾、骨来实现的，对小肠则间接通过维生素 D 发挥作用。其主要生理作用如下。

（1）促进肾远曲小管重吸收钙，抑制肾近曲小管重吸收磷，促使血钙增高、血磷降低。

（2）促进骨盐溶解（即溶骨），对肾、骨组织的作用均通过 cAMP 来实现的。

（3）激活肾 $1-\alpha-$ 羟化酶活性，使 $1,25-(OH)_2-VD_3$ 合成增加，间接促进小肠吸收钙、磷。

PTH 总的作用是升血钙，降血磷。

3. 降钙素　降钙素（calcitonin，CT）是由甲状腺滤泡旁细胞合成和分泌的一种含 32 个氨基酸残基的肽类激素，靶器官为骨、肾，有降低血钙和血磷的作用。其主要生理作用如下。

（1）在骨、肾组织中对抗 PTH，起着降低血钙、血磷的作用。

（2）抑制肾小管对钙、磷的重吸收，使尿钙、尿磷的排出增加。

（3）抑制肾 $1-\alpha-$ 羟化酶活性，使 $1,25-(OH)_2-VD_3$ 合成减少，从而间接抑制肠道对钙、磷的吸收。

CT 总的作用是降血钙，降血磷。

任务三　酸碱平衡

一、酸碱物质的来源

（一）酸性物质的来源

体内酸性物质主要来源于糖、脂肪、蛋白质的分解代谢，故这些物质被称为酸性物质，另外少量来自某些食物及药物。酸性物质分为挥发性酸和非挥发性酸两大类。

1. 挥发性酸　挥发性酸即碳酸。正常成人每日由糖、脂肪和蛋白质分解代谢产生约 350 L（约 15.6 mol）的 CO_2，所生成的 CO_2 主要在红细胞内碳酸酐酶（CA）的催化下与水结合生成碳酸。碳酸随血液循环运至肺部后重新分解成 CO_2 呼出体外，故碳酸称为挥发性酸，它是体内酸性物质的主要来源。

2. 非挥发性酸　机体内糖、脂类、蛋白质及核酸在分解过程中还将产生一些有机酸及无机酸。如核酸、磷脂、磷蛋白等分解过程中产生的磷酸，糖分解代谢产生的丙酮酸和乳酸，脂肪酸在肝内代谢产生的酮体，含硫氨基酸氧化产生的硫酸等。这些酸性物质不能由肺呼出，必须经肾随尿排出体外，故称为非挥发性酸或固定酸。正常人每天产生的固定酸仅为 50 ~ 100 mmol，与每天产生的挥发性酸相比要少得多，而且固定酸中的一些物质可被继续氧化，如乳酸、丙酮酸和酮体等。

固定酸还可来自某些食物，如食醋、柠檬酸等。

此外某些药物，如阿司匹林、水杨酸等也呈酸性。

（二）碱性物质的来源

机体在物质代谢过程中还可产生少量的碱性物质，但碱性物质主要来源于蔬菜和水果。

蔬菜和水果中含有较多的有机酸盐，如柠檬酸、苹果酸的钾盐或钠盐等。这些有机酸根在体内氧化生成 CO_2 和 H_2O，剩下的 Na^+、K^+ 则与 HCO_3^- 结合生成碳酸氢盐。所以蔬菜、水果被称为碱性食物。

此外，某些药物本身就是碱，如抑制胃酸的药物碳酸氢钠等。

正常情况下，机体产生的酸性物质远远多于碱性物质，故机体对酸碱平衡的调节主要以对酸的调节为主。

二、酸碱平衡的调节

正常人血浆 pH 值维持在 7.35~7.45，主要依赖于血液的缓冲作用、肺对 CO_2 的呼出和肾对酸性、碱性物质排出的调节作用。

（一）血液的缓冲作用

无论是体内代谢产生的，还是由体外进入的酸性或碱性物质，都要进入血液并被血液缓冲体系缓冲；另外，血液的缓冲作用和肺、肾对酸碱平衡的调节直接相关，因此在体液的多种缓冲体系中，以血液缓冲体系最为重要。

1. 血液缓冲体系

血浆的缓冲体系如下。

$$\frac{NaHCO_3}{H_2CO_3} \quad \frac{Na_2HPO_4}{NaH_2PO_4} \quad \frac{Na\text{-}Pr}{H\text{-}Pr} \quad Pr：血浆蛋白$$

红细胞的缓冲体系如下。

$$\frac{KHCO_3}{H_2CO_3} \quad \frac{K_2HPO_4}{KH_2PO_4} \quad \frac{K\text{-}Hb}{H\text{-}Hb} \quad \frac{K\text{-}HbO_2}{H\text{-}HbO_2} \quad Hb：血红蛋白；HbO_2：氧合血红蛋白$$

血液中各种缓冲体系的缓冲能力见表 10-3。

表 10-3 血液中各种缓冲体系的缓冲能力

缓冲体系	占全血缓冲能力的百分比
HbO_2 和 Hb	35%
有机磷酸盐	3%
血浆蛋白质	7%
血浆碳酸氢盐	35%
红细胞碳酸氢盐	18%
无机磷酸盐	2%

在血浆缓冲体系中以碳酸氢盐缓冲体系最为重要，在红细胞缓冲体系中以血红蛋白及氧合血红蛋白缓冲体系最为重要。血浆 $NaHCO_3/H_2CO_3$ 缓冲体系之所以重要，不仅是因为该体系的缓冲能力强，还在于该体系易于调节。其中，H_2CO_3 浓度可通过体液中物理溶解的 CO_2 取得平衡而受肺的呼吸调节；而 $NaHCO_3$ 浓度则可通过肾的调节作用维持相对恒定。

2. 血液的缓冲机制　血浆的 pH 值主要取决于血浆中 $NaHCO_3$ 与 H_2CO_3 浓度的比值（图 10-1）。在正常条件下，血浆 $NaHCO_3$ 浓度约为 24 mmol/L，H_2CO_3 浓度约为 1.2 mmol/L，两者浓度比值为 $24/1.2 = 20/1$。

$$pH = pK + lg \frac{[缓冲碱]}{[缓冲酸]} = 6.1 + lg \frac{20}{1} = 6.1 + 1.3 = 7.4$$

只要使缓冲碱与缓冲酸的比值保持 20/1，就可以维持血液 pH 不变

$$[HCO_3^-] \quad [H_2CO_3]$$

图 10-1　血液 pH 值与缓冲对比值的关系

血浆的 pH 值可由亨德森 - 哈塞巴方程式计算：

$$pH = pKa + lg \frac{[NaHCO_3]}{[H_2CO_3]}$$

其中 pKa 是 H_2CO_3 解离常数的负对数，温度在 37 ℃时为 6.1，因此

$$pH = 6.1 + lg \frac{20}{1} = 7.4$$

上式充分说明了血浆 pH 值与血浆 $[NaHCO_3]/[H_2CO_3]$ 比值之间的关系如下：只有当血浆中 $[NaHCO_3]/[H_2CO_3]$ 比值维持在 20/1 时，血浆 pH 值才能维持在 7.4 不变；如果 $[NaHCO_3]/[H_2CO_3]$ 比值发生变化，则血浆的 pH 值也随之改变。当其中任何一方的浓度发生变化时，机体只要对另一方做出相应的调节，使两者的浓度比值仍然维持在 20/1，则血浆 pH 值仍为 7.4。由此可见，酸碱平衡调节的实质就是调节 $NaHCO_3$ 与 H_2CO_3 浓度比值来维持血浆 pH 值的相对恒定。$NaHCO_3$ 浓度可反映体内的代谢状况，受肾的调节，称为代谢性因素；H_2CO_3 浓度可反映肺的通气状况，受呼吸调节，称为呼吸性因素。

进入血液的固定酸或碱性物质，主要由血浆碳酸氢盐缓冲体系缓冲；挥发性酸主要由血红蛋白缓冲体系缓冲。

（1）对固定酸的缓冲作用：代谢过程中产生的磷酸、硫酸、乳酸、酮体等固定酸（H-A）进入血浆时，由缓冲对中的抗酸成分（显碱性的成分）中和，主要由 $NaHCO_3$（碱储）中和，使酸性较强的固定酸转变为酸性较弱的 H_2CO_3，H_2CO_3 则进一步分解成为 H_2O 及 CO_2，后者经肺呼出体外从而不致使血浆 pH 值有较大波动。对固定酸的缓冲作用可表示如下。

$$\underset{（固定酸）}{H\text{-}A} + NaHCO_3 \longrightarrow \underset{（固定酸钠）}{Na\text{-}A} + H_2CO_3 \searrow H_2O + CO_2$$

另外，血浆中其他的缓冲体系也有一定的缓冲作用。其反应式如下。

$$H\text{-}A + Na\text{-}Pr \longrightarrow Na\text{-}A + H\text{-}Pr$$

$$H\text{-}A + Na_2HPO_4 \longrightarrow Na\text{-}A + NaH_2PO_4$$

（2）对碱性物质的缓冲作用：碱性物质进入血液后，可被血浆缓冲体系中的 H_2CO_3、NaH_2PO_4 及 H-Pr 所缓冲，使碱性变弱。其反应式如下。

$$Na_2CO_3 + H_2CO_3 \longrightarrow 2NaHCO_3$$

$$Na_2CO_3 + NaH_2PO_4 \longrightarrow NaHCO_3 + Na_2HPO_4$$

$$Na_2CO_3 + H\text{-}Pr \longrightarrow NaHCO_3 + NaPr$$

反应的结果使碱性较强的 Na_2CO_3 转变成了碱性较弱的固定 $NaHCO_3$，其中消耗的 H_2CO_3 可由体内不断产生的 CO_2 得以补充。因此 H_2CO_3 是缓冲碱性物质的主要成分，经缓冲后生成过多的 $NaHCO_3$ 可由肾排出体外，从而保持血液 pH 值的恒定。

（3）对挥发性酸的缓冲：体内各组织细胞代谢过程中不断产生的 CO_2，主要经红细胞中的血红蛋白缓冲体系缓冲，此缓冲作用与血红蛋白的运氧过程相偶联。

由于组织细胞与血浆之间存在 CO_2 分压（PCO_2）差，当动脉血流经组织时，组织中的 CO_2 可经毛细血管壁扩散入血浆，其中大部分 CO_2 继续扩散进入红细胞，在红细胞中的碳酸酐酶作用下生成 H_2CO_3，后者解离成 HCO_3^- 和 H^+。其中 H^+ 与 Hb^-（HbO_2 释放出 O_2 后转变而成的）结合生成 HHb 而被缓冲，红细胞内 HCO_3^- 因浓度增高而向血浆扩散。此时红细胞内阳离子（主要是 K^+）较难通过红细胞膜，不能随 HCO_3^- 逸出，因此血浆中等量的 CL^- 进入红细胞以维持电荷平衡，这种通过红细胞膜进行 HCO_3^- 与 CL^- 交换的过程称为氯离子转移。

在肺部，由于肺泡中氧分压（PO_2）高、PCO_2 低，当血液流经肺部时，HHb 解离成 H^+ 和 Hb^-，Hb^- 和大量扩散入血的 O_2 结合形成 HbO_2，H^+ 与 HCO_3^- 结合生成 H_2CO_3 并立即经碳酸酐酶催化分解成 CO_2 和 H_2O，CO_2 从红细胞扩散入血浆后，再扩散入肺泡而呼出体外。此时，红细胞中的 HCO_3^- 很快减少，继而血浆中的 HCO_3^- 进入红细胞，与红细胞内的 CL^- 进行又一次等量交换（图 10-2）。

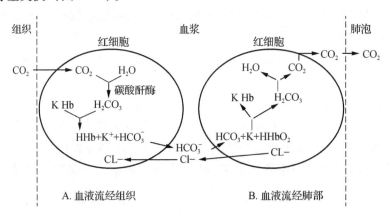

图 10-2　血红蛋白缓冲体系对碳酸的缓冲作用

在严重呕吐丢失大量胃液时，损失较多的 H^+ 和 CL^-，血浆 CL^- 浓度降低，HCO_3^- 从红细胞进入血浆，血浆 HCO_3^- 浓度代偿性增加，从而导致低氯性碱中毒。

（二）肺对酸碱平衡的调节

肺对酸碱平衡的调节主要是通过肺呼出 CO_2 的多少来调节血浆中的 H_2CO_3 浓度来实现。肺呼出 CO_2 的作用受呼吸中枢的调节，而呼吸中枢的兴奋性又受血液中 PCO_2 及 pH 值的影响。当体内产酸增多时，$NaHCO_3$ 减少而 H_2CO_3 增多，使血浆中 $[NaHCO_3]/[H_2CO_3]$ 比值变小。血中的 H_2CO_3 经碳酸酐酶催化分解为 CO_2 和 H_2O，使血浆 pCO_2 增高，刺激延髓的呼吸中枢，使呼吸加深加快，呼出更多的 CO_2，从而降低血中的 H_2CO_3 浓度，使 $[NaHCO_3]/[H_2CO_3]$ 比值和 pH 值恢复正常。

延髓呼吸中枢对血液 PCO_2 的变化十分敏感。PCO_2 的少量变化即可引起肺通气深度和速率的变化。正常人动脉血 PCO_2 为 5.33 kPa，当增至 5.87 kPa 时，即刺激呼吸中枢，使肺通气量成倍增加。当动脉血 PCO_2 增至 8.4 kPa 时，肺通气量可增加数倍。如果 PCO_2 进一步增加，呼吸中枢反而受到抑制，产生 CO_2 麻醉。反之，当 PCO_2 下降时，呼吸中枢受抑制，肺通气量下降。另外，当血浆 pH 值下降及 PCO_2 升高时，可刺激主动脉弓和颈动脉窦内的化学感受器，使呼吸加深加快，以增加 CO_2 的排出。

总之，当动脉血 PCO_2 增高或 pH 值及 PO_2 降低时，呼吸中枢兴奋，呼吸加深加快，CO_2 呼出增加；反之，当动脉血 PCO_2 降低或 pH 值升高时则呼吸中枢受抑制，呼吸变浅变慢，CO_2 呼出减少。肺通过呼出 CO_2 来调节血中 H_2CO_3 浓度，以维持 $[NaHCO_3]/[H_2CO_3]$ 比值正常。所以，在临床上密切观察患者的呼吸频率和呼吸深度具有重要意义。

（三）肾对酸碱平衡的调节

肾对酸碱平衡的调节作用，主要是通过排出机体内过多的酸或碱，调节血浆中的 $NaHCO_3$ 浓度，以维持血浆 pH 值的恒定。当血浆中 $NaHCO_3$ 浓度降低时，肾则加强对酸 $NaHCO_3$ 的排泄及重吸收作用，以恢复血浆中 $NaHCO_3$ 的正常浓度；当血浆中 $NaHCO_3$ 浓度升高时，肾则减少对 $NaHCO_3$ 的重吸收并排出过多的碱性物质，使血浆中 $NaHCO_3$ 浓度仍维持在正常范围内。由此可见，肾对酸碱平衡的调节实质上就是调节血浆中的 $NaHCO_3$ 浓度。肾的这种调节作用主要是通过肾小管细胞的泌 H^+、泌氨及泌 K^+ 作用，排除多余的酸性物质来实现。

1. 肾小管泌 H^+ 及重吸收 Na^+（H^+-Na^+ 交换）　肾小管泌 H^+ 及重吸收 Na^+ 是同时进行的。

（1）$NaHCO_3$ 的重吸收：肾小管上皮细胞内含有碳酸酐酶（CA），在该酶的催化下 CO_2 和 H_2O 化合生成 H_2CO_3，H_2CO_3 又解离为 H^+ 和 HCO_3^-。

$$CO_2 + H_2O \xrightarrow{CA} H_2CO_3 \longrightarrow H^+ + HCO_3^-$$

解离出的 H^+ 从肾小管上皮细胞主动分泌到小管液中，而 HCO_3^- 则保留在细胞内。分泌到小管液中的 H^+ 与其中的 Na^+ 进行交换，称为 H^+-Na^+ 交换。进入肾小管上皮细胞的 Na^+ 可通过钠泵主动转运回血浆，肾小管细胞中 HCO_3^- 的则被动吸收入血，两者重新结合生成 $NaHCO_3$，以补充固定酸所消耗的 $NaHCO_3$。人体每天由肾小球滤过的 HCO_3^- 90% 在近曲小管重吸收，其余的在髓袢及远曲小管重吸收。肾小管液中的 H^+ 一部分与 HCO_3^- 结合生成 H_2CO_3，H_2CO_3 又分解为 CO_2 和 H_2O。CO_2 可扩散入肾小管细胞，也可进入血液运至肺部呼出。此过程没有 H^+ 的真正排出，只是管腔中的 $NaHCO_3$ 全部重吸收回血液，故称为 $NaHCO_3$ 的重吸收。

血浆中 $NaHCO_3$ 的正常值为 22 ~ 28 mmol/L。当血浆 $NaHCO_3$ 浓度低于 28 mmol/L 时，原尿中的 $NaHCO_3$ 可完全被肾小管重吸收。当血浆中 $NaHCO_3$ 的浓度超过此值时，则不能完全被肾小管重吸收，多余部分随尿排出体外。故在代谢性碱中毒时，有较多的 $NaHCO_3$ 随尿排出（图 10-3）。

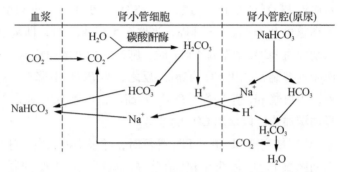

通过 H^+-Na^+ 交换，可将肾小球滤过的 $NaHCO_3$ 几乎重吸收入血。

图 10-3 H^+-Na^+ 交换 $NaHCO_3$ 的重吸收

（2）尿液的酸化：在正常血液 pH 条件下，$[Na_2HPO_4]/[NaH_2PO_4]$ 的比值为 4∶1。在近曲小管管腔中，这一缓冲对仍保持原来的比值。但在终尿中 $[Na_2HPO_4]/[NaH_2PO_4]$ 的比值变小，尿中排出 NaH_2PO_4 增加，使尿液 pH 值降低，这一过程称为尿液的酸化。

当原尿流经肾远曲小管时，其中的 Na_2HPO_4 解离成 Na^+ 和 HPO_4^{2-}，Na^+ 与肾小管上皮细胞分泌的 H^+ 交换，Na^+ 进入肾小管上皮细胞并与 HCO_3^- 重吸收进入血液结合形成 $NaHCO_3$，而管腔中的 H^+ 和 Na^+ 与 HPO_4^{2-} 结合形成 NaH_2PO_4 随尿排出，使尿液的 pH 值降低（图 10-4）。

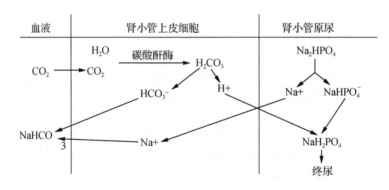

图 10-4 H^+-Na^+ 交换与尿液酸化

尿液 pH 值的高低，因食物成分的不同有较大差别。正常人尿液 pH 值在 4.6 ~ 8.0。在摄入混合性食物时，终尿的 pH 值在 6.0 左右。当肾小管液 pH 值由原尿的 7.4 下降到 4.8 时，$[Na_2HPO_4]/[NaH_2PO_4]$ 比值下降，Na_2HPO_4 几乎转变成了 NaH_2PO_4。

2. **肾小管泌氨及 Na^+ 的重吸收（NH_4^+-Na^+ 交换）** 肾远曲小管和集合管上皮细胞有泌

NH_3 作用。NH_3 主要来源于血液转运的谷氨酰胺（约占 60%），谷氨酰胺在谷氨酰胺酶的催化下可分解为谷氨酸和 NH_3；另一部分 NH_3 则来源于肾小管细胞内氨基酸的脱氨基作用（占 40%）。生成的 NH_3 与分泌入小管液的 H^+ 结合生成 NH_4^+，并与强酸盐的负离子结合生成酸性的铵盐随尿排出。同时，小管液中强酸盐解离出的 Na^+ 重吸收入细胞与 HCO_3^- 进入血液结合生成 $NaHCO_3$ 而维持血浆中 $NaHCO_3$ 正常浓度。NH_4^+-Na^+ 交换与铵的排泄图 10-5 所示。

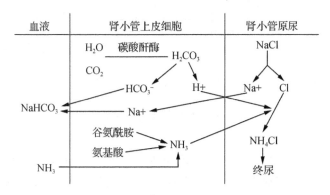

图 10-5　NH_4^+-Na^+ 交换与铵的排泄

3. 肾小管细胞主动分泌 K^+ 的作用与 Na^+ 的重吸收　肾远曲小管上皮细胞还有主动排 K^+、泌 K^+ 而换回 Na^+ 的作用，从而使血中 K^+ 与部分 Na^+ 进行交换，使 Na^+ 吸收入血，K^+ 随尿排出体外。K^+-Na^+ 交换虽不能直接生成 $NaHCO_3$，但与 H^+-Na^+ 交换有竞争性抑制作用，故间接影响 $NaHCO_3$ 生成。血钾浓度增高时，肾小管泌 K^+ 作用加强，即 K^+-Na^+ 交换加强，而 H^+-Na^+ 交换受到抑制，结果使细胞外液中 H^+ 浓度升高，高血钾时常伴有酸中毒；血钾浓度降低时，H^+-Na^+ 交换加强，而时常伴有碱中毒。

当机体酸中毒时，使细胞外 K^+ 浓度增加，肾小管上皮细胞泌 H^+ 作用增强，即 H^+-Na^+ 交换增加，K^+-Na^+ 交换减少，结果导致高血钾。反之，碱中毒时，部分 K^+ 进入细胞内与 H^+ 交换，使细胞外 K^+ 浓度降低，肾小管上皮细胞泌 K^+ 作用增强，即 K^+-Na^+ 交换增加，H^+-Na^+ 交换减少，结果导致低血钾。酸碱平衡与血钾浓度见图 10-6。

三、酸碱平衡的主要生化指标

（一）血浆 pH 值

血浆 pH 值是表示血浆中 H^+ 浓度的指标。正常人动脉血 pH 值变动范围为 7.35～7.45。pH 值大于 7.45 时为失代偿性碱中毒，pH 值小于 7.35 时为失代偿性酸中毒；但血浆 pH 值的测定并不能区分酸碱中毒是代谢性的还是呼吸性的。pH 值在正常范围说明属于正常酸碱平衡，或有酸碱平衡失调而代偿良好，或有酸中毒合并碱中毒。

（二）血浆二氧化碳分压（PCO_2）

血浆二氧化碳分压是指物理溶解于血浆中的 CO_2 所产生的张力。动脉血浆 PCO_2 的正常

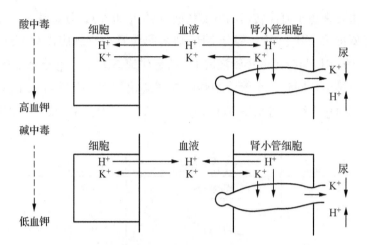

图 10-6 酸碱平衡与血钾浓度

范围为 $4.5 \sim 6.0$ kPa。血浆 PCO_2 是呼吸性酸碱平衡紊乱的重要诊断指标，反映了呼吸性成分（H_2CO_3）的变化。动脉血 PCO_2 基本上反映肺泡气的 CO_2 压力，两者数值大致相等。PCO_2 降低提示肺通气过度，CO_2 排出过多，为呼吸性碱中毒；PCO_2 升高提示肺通气不足，有 CO_2 蓄积，为呼吸性酸中毒。代谢性酸中毒时，由于肺的代偿作用，血浆 PCO_2 降低；相反，代谢性碱中毒时，在肺的代偿作用下，血浆 PCO_2 升高。

（三）血浆二氧化碳结合力（CO_2-CP）

血浆 CO_2-CP 是指在 25 ℃、$PCO_2 = 5.3$ kPa 时，每升血浆中以 $NaHCO_3$ 形式存在的 CO_2 mmol 数。其正常参考范围为 $23 \sim 31$ mmol/L。代谢性酸中毒时，血浆 CO_2-CP 降低；代谢性碱中毒时，血浆 CO_2-CP 升高。但呼吸性酸中毒时，经肾代偿作用继发地引起血浆 $NaHCO_3$ 含量的变化，使血浆 CO_2-CP 升高；而呼吸性碱中毒时，经肾代偿后 CO_2-CP 降低。

（四）实际碳酸氢盐（AB）与标准碳酸氢盐（SB）

AB 是指在隔绝空气的条件下取血分离血浆，测得血浆中 $NaHCO_3$ 的真实含量。AB 的正常变动范围为（24 ± 2）mmol/L，平均为 24 mmol/L，AB 反映血浆中代谢性成分（$NaHCO_3$）含量，但也受呼吸性成分的影响。SB 是全血在标准条件下（即 Hb 氧饱和度为 100%，温度为 37 ℃，PCO_2 为 5.3 kPa）测得的血浆中 $NaHCO_3$ 的含量，不受呼吸性成分影响，因此是代谢性成分的指标。

在血浆 PCO_2 为 5.3 kPa 时，AB = SB。如果 AB 大于 SB，则表明 PCO_2 大于 5.3 kPa；反之，如果 AB 小于 SB，则表明 PCO_2 小于 5.3 kPa。

在代谢性酸中毒时，血液代谢性成分含量减少，AB 和 SB 都相等地降低，如有呼吸的代偿，则 AB 更降低，AB 小于 SB。在代谢性碱中毒时，血液代谢性成分含量增多，AB 和 SB 都相等地升高，如有呼吸的代偿，则 AB 更增加，AB 大于 SB。在呼吸性酸中毒时，因 CO_2 蓄积可见 AB 升高，但 SB 正常；如有肾的代偿，则 SB 也升高，但 AB 大于 SB。而在呼吸性碱中毒时，CO_2 排出过多，AB 低于正常，但 SB 正常；如有肾的代偿，则 SB 也降低，但 AB 小于 SB。

（五）碱剩余（BE）或碱欠缺（BD）

血浆碱剩余或碱缺失是指在标准条件下（即 Hb 氧饱和度为 100%，温度为 37 ℃，PCO_2 为 5.3 kPa）处理的全血，分离血浆后用酸或碱滴定至 pH 值为 7.4 时，所消耗的酸或碱的量。

滴定用去的酸量为 BE，以正值表示；用去的碱量为 BD，以负值表示。正常人血液或血浆 BE 值和 BD 值为 −3.0~3.0 mmol/L。

BE 和 BD 不受呼吸性因素的影响，BE 或 BD 值的变动表示缓冲碱的变动情况。如 BE 大于 3.0 mmol/L 时，表不体内碱剩余，为代谢性碱中毒；BE 小于 −3.0 mmol/L 时，表示体内碱缺失，为代谢性酸中毒。酸碱平衡紊乱时血液中主要生化诊断指标变化情况见表10−4。

表 10−4 酸碱平衡失调类型及血液中主要生化诊断指标变化

指标	酸中毒				碱中毒			
	呼吸性		代谢性		呼吸性		代谢性	
	代偿	失代偿	代偿	失代偿	代偿	失代偿	代偿	失代偿
原发性改变	$[H_2CO_3]$	↑	$[NaHCO_3]$	↓	$[H_2CO_3]$	↓	$[NaHCO_3]$	↑
pH	正常	↓	正常	↓	正常	↑	正常	↑
PCO_2	↑	↑↑	↓	↓	↓	↓↓	↑	↑
CO_2-CP	↑	↑	↓	↓↓	↓	↓	↑	↑↑
SB 与 AB	SB < AB		SB = AB 均↓		SB > AB		SB = AB 均↑	
BE 与 BD	—		BD（负值）↑		—		BE（正值）↑	

目标检测

一、选择题

1. 下列维持细胞内液渗透压的主要离子是（　）

A. Na^+

B. K^+

C. Ca^{2+}

D. Mg^{2+}

2. 细胞外液的主要阴离子为（　）

A. SO_4^{2-}

B. HPO_4^{2-}

C. Pr^-

D. Cl^-

3. 人体每日最低尿量为（　　）

A. 150 mL

B. 500 mL

C. 350 mL

D. 1000 mL

4. 人体每日最低需水量为（　　）

A. 500 mL

B. 1000 mL

C. 1200 mL

D. 2500 mL

5. 既能提高神经肌肉兴奋性，又能提高心肌兴奋性的离子是（　　）

A. Na^+

B. K^+

C. Ca^{2+}

D. Mg^{2+}

6. "多吃多排，少吃少排，不吃也排"，是下列哪种离子的代谢特点（　　）

A. Na^+

B. K^+

C. Mg^{2+}

D. Ca^{2+}

7. 小儿缺钙时常出现手足抽，这是由于（　　）

A. Ca^{2+}能提高神经肌肉兴奋性

B. Ca^{2+}能降低神经肌肉兴奋性

C. Ca^{2+}能提高心肌兴奋性

D. Ca^{2+}能降低心肌兴奋性

8. 钙和磷最主要的生理功能是（　　）

A. 调节酸碱平衡

B. 构成骨盐

C. 参与辅构成

D. 调节神经肌肉兴奋性

9. 既能升高血钙，也能升高血磷的激素是（　　）

A. 抗利尿激素

B. 降钙素

C. 甲状旁腺激素

D. $1,25-(OH)_2D_3$

10. 正常血浆中 $NaHCO_3/H_2CO_3$ 为（　　）

A. 5/1

B.　10/1

C.　15/1

D.　20/1

E.　99/1

11.　血浆中对固定酸起主要冲作用的是（　　）

A.　Na-Pr

B.　Na_2HPO_4

C.　$NaHCO_3$

D.　NaH_2PO_4

E.　Na_2CO_3

12.　引起呼吸性酸中毒的因素是（　　）

A.　换气过度

B.　肺气肿

C.　呕吐

D.　饥饿

E.　腹泻

13.　严重腹泻时可能导致（　　）

A.　呼吸性酸中毒

B.　代谢性酸中毒

C.　呼吸性碱中毒

D.　代谢性碱中毒

E.　以上都不是

14.　代谢性酸中毒的特征是（　　）

A.　$NaHCO_3$原发性减少

B.　$NaHCO_3$原发性增高

C.　H_2CO_3原发性减少

D.　H_2CO_3原发性增高

E.　$NaHCO_3$含量正常

二、简答题

1.　由于肾对钠和钾的排泄原则不同，临床上低血钾较常见，说说补钾应注意的问题。

2.　骨骼的钙磷代谢受哪些因素的控制？

3.　血液中有哪些缓冲对？分析碳酸氢盐缓冲体系与血液 pH 值的关系。

4.　简述血液对挥发性酸的缓冲作用。

三、拓展题

人体的酸性是百病之源，酸性物质在体内堆积，疾病就会产生。扮演社区护士，就"如何改善酸性体质，预防亚健康状态"向人群进行健康教育。

选择题答案

1	2	3	4	5	6	7
B	D	B	C	A	B	B
8	9	10	11	12	13	14
B	D	D	C	B	B	A

模块四　生化技能操作

操作任务一　蛋白质的沉淀和变性

【实验目的】

1. 熟悉蛋白质的沉淀反应。
2. 进一步掌握蛋白质的有关性质。

【实验原理】

蛋白质因受某些物理或化学因素的影响，分子的空间构象被破坏，从而导致其理化性质发生改变并失去原有的生物学活性的现象称为蛋白质的变性作用。变性作用并不引起蛋白质一级结构的破坏，而是二级结构以上的高级结构的破坏，变性后的蛋白质称为变性蛋白。引起蛋白质变性的因素很多，物理因素有高温、紫外线、X 射线、超声波、高压、剧烈的搅拌、振荡等。化学因素有强酸、强碱、尿素、胍盐、去污剂、重金属盐（如 Hg^{2+}、Ag^+、Pb^{2+} 等）、三氯乙酸、浓乙醇等。不同蛋白质对各种因素的敏感程度不同。

用大量中性盐使蛋白质从溶液中析出的过程称为蛋白质的盐析作用。蛋白质是亲水胶体，在高浓度的中性盐影响下脱去水化层，同时蛋白质分子所带的电荷被中和，结果蛋白质的胶体稳定性遭到破坏而沉淀析出。经透析或用水稀释时又可溶解，故蛋白质的盐析作用是可逆过程。盐析不同的蛋白质所需中性盐浓度与蛋白质种类及 pH 有关。分子量大的蛋白质（如球蛋白）比分子量小的（如白蛋白）易于析出。改变盐浓度，使不同分子量的蛋白质分别析出。

【实验试剂】

1. 新鲜蛋清或血清，蛋白质溶液。
2. 固体硫酸铵及饱和硫酸铵溶液。
3. 95% 乙醇，1% $CuSO_4$，饱和苦味酸，0.1 mol/L HAc，晶体 NaCl，1% 醋酸铅，1% 醋酸，5% 鞣酸等。

【实验器材】

试管，三角漏斗，玻璃棒，滤纸，试管架，酒精灯，移液管。

【实验操作】

一、卵清蛋白的分离

1. 取卵清约 2 mL 于试管中，加等体积的饱和硫酸铵溶液，搅拌均匀，蛋白质析出，静置，用滤纸过滤至滤液澄清，沉淀为卵球蛋白，将此沉淀用 2 mL 半饱和硫酸铵洗涤一次。

2. 将析出卵清球蛋白后的滤液放入试管中，再加入固体硫酸铵使之达饱和，观察有无沉淀产生，若有沉淀，则过滤之，滤出的沉淀即为卵清白蛋白。

二、蛋白质沉淀反应

1. 蛋白质盐析作用　向蛋白质溶液中加入中性盐至一定浓度，蛋白质即沉淀析出，这种作用称为盐析。

操作方法如下。

（1）取蛋白质溶液 5 mL，加入等量饱和硫酸铵溶液（此时硫酸铵的浓度为 50% 饱和），微微摇动试管，使溶液混合静置数分钟，球蛋白即析出（如无沉淀可再加少许饱和硫酸铵）。

（2）将上述混合液过滤，滤液中加硫酸铵粉末，至不再溶解，析出的即为清蛋白。再加水稀释，观察沉淀是否溶解。

注意：①应该先加蛋白质溶液，然后加饱和硫酸铵溶液；②固体硫酸铵若加到过饱和则有结晶析出，勿与蛋白质沉淀混淆。

2. 乙醇沉淀蛋白质　乙醇为脱水剂，能破坏蛋白质胶体的水化层而使其沉淀析出。

操作方法：取蛋白质溶液 1 mL，加晶体 NaCl 少许（加速沉淀并使沉淀完全），待溶解后再加入 95% 乙醇 2 mL 混匀。观察有无沉淀析出。

3. 重金属盐析沉淀蛋白质　蛋白质与重金属离子（如 Cu^{2+}、Ag^+、Hg^{2+} 等）结合成不溶性盐类而沉淀。

操作方法：取试管 2 支各加蛋白质溶液 2 mL，一管内滴加 1% 醋酸铅溶液，另一管内加 1% $CuSO_4$ 溶液，至有沉淀生成。

4. 生物碱试剂沉淀蛋白质　植物体内具有显著生理作用的含氮碱性化合物称为生物碱（或植物碱）。能沉淀生物碱或与其产生颜色反应的物质称为生物碱试剂，如鞣酸、苦味酸、磷钨酸等。生物碱试剂能和蛋白质结合生成沉淀，可能因蛋白质和生物碱含有相似的含氮基团之故。

操作方法：取试管 2 支各加 2 mL 蛋白质溶液及 1% 醋酸溶液 4~5 滴，向一管中加 5% 鞣酸溶液数滴，另一管内加苦味酸溶液数滴，观察结果。

【问题与讨论】

蛋白质的沉淀还有哪些方法？哪些变性了？哪些没有变性？

操作任务二　淀粉酶活性的测定

【实验目的】

掌握 α – 淀粉酶活力测定的方法，同时熟悉分光光度计的使用方法。

【实验原理】

α – 淀粉酶水解淀粉的产物为还原糖，用比色法测定还原糖的生成量可计算酶活力单位，其定义：1 个酶活力单位是指在特定条件（25 ℃，其他为最适条件）下，在 1 min 内能转化 1 μmol 底物的酶量，或是转化底物中 1 μmol 的有关基团的酶量。

【实验试剂】

1. 待测样品液的准备　准确称取 1 g，用磷酸盐缓冲液定容至 100 mL。

2. 配制底物溶液　称取可溶性淀粉 1 g，用磷酸盐缓冲液定容至 100 mL。

3. 磷酸盐缓冲液（PBS）配制　称取 NaCl 8 g、KCl 0.2 g、$Na_2HPO_4 \cdot 12H_2O$ 3.63 g、KH_2PO_4 0.24 g，溶于 900 mL 双蒸水中，用盐酸调 pH 值至 7.4，加水定容至 1L，常温保存备用。

4. 配制显色剂 3,5 – 二硝基水杨酸（DNS）试剂　准确称取 3,5 – 二硝基水杨酸 1 g，溶于 20 mL 2 mol/L NaOH 溶液中，加入 50 mL 蒸馏水，再加入 30 g 酒石酸钾钠，待溶解后用蒸馏水定容至 100 mL。盖紧瓶塞，勿使二氧化碳进入。若溶液浑浊可过滤后使用。

5. 配制标准麦芽糖溶液　将 0.342 g 麦芽糖溶于蒸馏水，定容至 1000 mL，即为 1 μmol/mL 的标准溶液。

【实验器材】

分光光度计，恒温水浴锅，温度计，试管，移液管，天平，容量瓶等。

【实验操作】

1. 取 8 支干净的试管，编号：1 为空白。2 为样品。3 为标准空白对照。4 为标准。每种做 2 个。在 25 ℃恒温条件下按下表顺序进行操作。

步骤	1	2	3	4
加底物溶液/mL	1	1	0	0
加双蒸水/mL	1	0	2	0
加酶液（mL）摇匀	0	1	0	0

续表

步骤	1	2	3	4
60 ℃准确保温 3 min				
DNS 显色剂/mL	2	2	2	2
标准麦芽糖溶液/mL	0	0	0	0
沸水浴 3 min，冷却				
双蒸水/mL	20	20	20	20
摇匀，在分光光度计上测 $A_{540\,mm}$				

2. 计算 α-淀粉酶活力　酶活力（U/mg）：（A 样 - A 空）×标准麦芽糖的物质的量（μmol）/（A 标 - A 标空）×3×样品管中酶的质量（mg）。

操作任务三　蛋白质及氨基酸的呈色反应

【实验目的】

1. 了解蛋白质和某些氨基酸的特殊颜色反应及其原理。
2. 掌握几种常用的鉴定蛋白质和氨基酸的方法。

【实验内容】

对蛋白质及氨基酸的双缩脲反应、茚三酮反应、黄色反应、乙醛酸反应、偶氮反应、醋酸铅反应等颜色及沉淀反应进行定性确定。

【实验原理】

1. 双缩脲反应　当尿素加热到 180 ℃左右时，2 个分子的尿素缩合可放出 1 个分子氨后形成双缩脲，双缩脲在碱性溶液中与铜离子结合生成复杂的红色配合物，此呈色反应称为双缩脲反应。由于蛋白质分子中含有多个肽键，其结构与双缩脲相似，故能呈此反应，而形成紫红色或蓝紫色的配合物。此反应常用作蛋白质的定性或定量的测定。

2. 茚三酮反应　除脯氨酸和羟脯氨酸与茚三酮作用生成黄色物质外，所有 α-氨基酸与茚三酮发生反应生成紫红色物质，最终形成蓝紫色化合物。1∶1 500 000 浓度的氨基酸水溶液即能发生反应而显色。反应的适宜 pH 为 5～7。此反应目前广泛地应用于氨基酸定量测定中。

3. 蛋白黄色反应　蛋白质分子中含有苯环结构的氨基酸，如酪氨酸、色氨酸、苯丙氨酸等，这类蛋白质可被浓硝酸硝化生成黄色的硝基苯的衍生物。该物质在酸性环境中呈黄色，在碱性环境中转变为橙黄色的硝醌酸钠。绝大多数蛋白质都含有芳香族氨基酸，因此都有黄色反应。皮肤、毛发、指甲等遇浓 HNO_3 变黄即是发生此类黄色反应的结果。

【实验试剂】

（1）尿素；10% NaOH 溶液；1% $CuSO_4$ 溶液；蛋白质溶液（将鸡蛋清用蒸馏水稀释 10~20 倍，以三层纱布过滤，滤液冷藏备用）。

（2）0.5% 甘氨酸；0.1% 茚三酮水溶液。

（3）头发；指甲屑；0.5% 苯酚溶液；0.3% 酪氨酸溶液；10% NaOH 溶液；浓硝酸（$\rho = 1.42$ g/mL）。

【实验操作】

1. 双缩脲反应 取少许结晶尿素放在干燥试管中，微火加热，尿素开始熔化，并形成双缩脲，释放的氨可用湿润的红色石蕊试纸鉴定。待熔融的尿素开始硬化，试管内有白色固体出现，停止加热，让试管缓慢冷却。然后加 10% NaOH 溶液 1 mL 和 1% $CuSO_4$ 2~3 滴，混匀后观察颜色的变化。另取一试管，加蛋白质溶液 1 mL、10% NaOH 溶液 2 mL 及 1% $CuSO_4$ 溶液 2~3 滴，振荡后将出现的紫红色与双缩脲反应所产生的颜色相对比。

2. 茚三酮反应 取 2 支试管分别加入蛋白质溶液和甘氨酸溶液各 1 mL，再各加 0.5 mL 0.1% 茚三酮水溶液，混匀，在沸水浴加热 2~3 min，观察颜色变化。

3. 蛋白黄色反应 取 5 支试管编号后分别按下表所示加入试剂，观察各管出现的现象，若有反应慢者可放置微火上（或水浴中）加热，待各管均先后出现黄色后，于室温逐滴加入 10% NaOH 溶液直至碱性，观察颜色变化。

管号	1	2	3	4	5
材料	蛋白质溶液（4滴）	指甲屑（少许）	头发（少许）	苯酚（4滴）	酪氨酸（4滴）
浓硝酸	2 滴	2 mL	2 mL	4 滴	2 滴
现象					

操作任务四 维生素 C 含量的测定

【实验目的】

了解并掌握用 2，6 - 二氯酚靛酚法测定维生素 C 的原理和方法。

【实验原理】

维生素 C 能促进细胞间质的合成，与体内其他还原剂共同维持细胞正常的氧化还原电势和有关酶系统的活性。它是在 1928 年从牛的肾上腺皮质中提取出的一种结晶物质，证明对治疗和预防坏血病有特殊功效，因此称为抗坏血酸。如果人体缺乏维生素 C 时则会出现坏血病。

还原型抗坏血酸能还原染料 2, 6 - 二氯酚靛酚钠盐，本身则氧化成脱氢抗坏血酸。在酸性溶液中，2, 6 - 二氯酚靛酚呈红色，被还原后变为无色。因此，可用 2, 6 - 二氯酚靛酚滴定样品中的还原型抗坏血酸。当抗坏血酸全部被氧化后，稍多加一些染料，使滴定液呈淡红色，即为终点。如无其他杂质干扰，样品提取液所还原的标准染料量与样品中所含的还原型抗坏血酸量成正比。

【实验材料】

新鲜蔬菜、新鲜水果。

【实验试剂】

1. 2% 草酸溶液　2 g 草酸溶于 100 mL 蒸馏水中。

2. 1% 草酸溶液　1 g 草酸溶于 100 mL 蒸馏水中。

3. 标准抗坏血酸溶液（0.1 mg/mL）　准确称取 50.0 mg 纯抗坏血酸，溶于 1% 草酸溶液，并稀释至 500 mL。贮于棕色瓶中，冷藏，最好临用时配置。

4. 1% HCl 溶液。

5. 0.1% 2, 6 - 二氯酚靛酚溶液　500 mg 2, 6 - 二氯酚靛酚溶于 300 mL 含有 104 mg $NaHCO_3$ 的热水中，冷却后加水稀释至 500 mL，滤去不溶物，贮于棕色瓶内，冷藏（4 ℃ 约可保存一周）。每次临用时，以标准抗坏血酸液标定。

【实验器材】

吸管 1.0 mL、10.0 mL，100 mL 容量瓶，5 mL 微量滴定管，电子分析天平，研钵，漏斗等。

【实验操作】

1. 取材与预处理　新鲜蔬菜和水果类：以水洗净，用纱布或吸水纸吸干表面水分。然后称取 2.5 g，加 2% 草酸适量。研磨成浆后以漏斗过滤，滤液转入 25 mL 容量瓶，用 2% 草酸定容。

2. 滴定

（1）标准液滴定：准确吸取标准抗坏血酸溶液 10 mL（含 0.1 mg 抗坏血酸）置 100 mL 锥形瓶中，加 9 mL 1% 草酸，用微量滴定管以 0.1% 2, 6 - 二氯酚靛酚滴定至淡红色，并保持 15s 即为终点。由所用染料的体积计算出 1 mL 染料相当于多少毫克抗坏血酸。

（2）样液滴定：准确吸取滤液两份，每份 10.0 mL，分别放入 2 个 100 mL 锥形瓶内，滴定方法同前。

计算：

$$维生素\,C\,含量\,(mg/100\,g\,样品) = \frac{V \cdot T \cdot A}{W \cdot A_1} \times 100$$

式中　V——滴定样品提取液消耗染料平均值，mL。

T——每毫升染料所能氧化抗坏血酸的质量，mg。

A——样品提取液定容体积，mL。

A_1——滴定时吸取样品提取液体积，mL。

W——样品质量，g。

【注意事项】

1. 2% 草酸可抑制抗坏血酸氧化酶，1% 草酸因浓度太低不能完成上述作用。

2. 样品中某些杂质亦能还原二氯酚靛酚，但速度较抗坏血酸慢，故终点以淡红色存在 15 s 内为准。

3. 滴定过程宜迅速，一般不超过 2 min。

4. 在样品提取液的制备和滴定过程中，要避免阳光照射和与铜、铁器具接触，以免抗坏血酸被破坏。

【问题与讨论】

1. 为什么滴定过程宜迅速？

2. 为什么滴定终点以淡红色存在 15s 内为准？

参考文献

1. 吴伟平. 生物化学 [M]. 北京：北京出版社, 2014.
2. 姚文兵. 生物化学 [M]. 8 版. 北京：人民卫生出版社, 2016.
3. 丁万. 生物化学 [M]. 长春：吉林科学技术出版社, 2018.
4. 查锡良. 生物化学 [M]. 7 版. 北京：人民卫生出版社, 2013.